統計学の基礎

栗栖　忠　　濱田年男　　稲垣宣生

共　著

東京　裳　華　房　発行

FUNDAMENTALS OF STATISTICS

by

TADASHI KURISU
TOSHIO HAMADA
NOBUO INAGAKI

SHOKABO
TOKYO

はじめに

　日本は社会変革の真っただ中に 21 世紀を迎えている．

　小学校から大学までの教育改革は焦眉の課題の一つとして検討されている．また，日本の将来は科学技術の発展に負うところが多く，特に情報科学と生命科学の発展は不可欠であると強調されている．

　統計科学は，情報のやり取りを概念と数値の両面から追究するものであり，情報や生物との関係も深く，現在の教育改革に重要な方法を提供すると考えられる．少子高齢化，金融の国際化，企業の格付け，能力賃金，年金医療などの社会問題を理解するためにも統計科学の方法が必要である．学問に対するのに暗記や継承だけでなく，創意工夫により自発性を育てるためにも統計科学の方法は役に立つと思う．

　統計学が重視されている現在に，基本的な内容を半年で講義するための統計学の基礎的な教科書になることを意図して本書は書かれた．現代科学に必要な共通概念として，「確率変数と確率分布」が理解されるように説明し，また，有力な科学的方法として，「母数の推定と仮説の検定」が体得されるように論じている．重要な事項は，**定理**と**例**によって扱っているが，重要性を強調するための**定理**の数は最小限に限定し，むしろ多数の**例**として重要事項をわかりやすく解説するように努めた．また，今後もよく使う事項は　　　　　　で囲み使いやすくしている．**問**や**演習問題**も十分に用意した．

　計算プログラムにおける等号は数学における等号ではないということがあるように，統計学における等号も数学における等号を必ずしも意味するとは限らず，特に数値に関係する等号は実用上の等号であるため，本書では例えば $a = \sqrt{10}$ のときに $a = 3.162$ と書いて，$a \fallingdotseq 3.162$ と書いていないこと

がある．

　おわりに，本書の出版にあたって終始お世話いただきました裳華房の細木周治氏に心から感謝申し上げます．

　2001年　早春

著　者

目　　次

第1章　確　率

1.1　標本空間，事象，確率 …………………………………… 1
1.2　条件付き確率 …………………………………………………… 5
1.3　ベイズの定理 …………………………………………………… 7
　　　演習問題 1 ………………………………………………………… 10

第2章　データの整理

2.1　データ …………………………………………………………………… 13
2.2　データの特性値 ………………………………………………… 17
2.3　2次元データの整理 …………………………………………… 21
　　　演習問題 2 ………………………………………………………… 25

第3章　確率変数と確率分布

3.1　確率変数 ………………………………………………………………… 27
3.2　平均，分散，モーメント ………………………………… 30
3.3　確率分布モデル ………………………………………………… 33
3.4　積率母関数 …………………………………………………………… 48
　　　演習問題 3 ………………………………………………………… 49

第4章　多次元分布

4.1　2次元分布 …………………………………………………………… 51
4.2　独立な確率変数の和の分布 ……………………………… 61

4.3　多次元分布 …………………………………… 64
　　　　演習問題 4 …………………………………… 68

第5章　母集団とその標本

　　　5.1　母集団と標本 …………………………………… 71
　　　5.2　標本と統計量 …………………………………… 72
　　　5.3　大数の法則と中心極限定理 …………………………………… 77
　　　　演習問題 5 …………………………………… 80

第6章　正規標本とその関連分布

　　　6.1　正規標本 …………………………………… 81
　　　6.2　正規標本に関連した分布 …………………………………… 82
　　　　演習問題 6 …………………………………… 89

第7章　推　定

　　　7.1　推定量とその性質 …………………………………… 91
　　　7.2　モーメント法と最尤法 …………………………………… 96
　　　7.3　区間推定 …………………………………… 101
　　　　演習問題 7 …………………………………… 113

第8章　検　定

　　　8.1　検定とは何か …………………………………… 115
　　　8.2　正規分布の平均の検定 …………………………………… 122
　　　8.3　正規分布の分散の検定 …………………………………… 128
　　　8.4　正規分布の等平均の検定 …………………………………… 130

8.5	等分散の検定 ……………………………………	136
8.6	対応がある場合 ……………………………………	139
	演習問題 8 ……………………………………	142

第9章　いろいろな検定

9.1	母比率に関する検定 ……………………………………	145
9.2	適合度の検定 ……………………………………	148
9.3	独立性の検定 ……………………………………	156
9.4	寿命データの解析 ……………………………………	161
9.5	相関係数の検定 ……………………………………	168
	演習問題 9 ……………………………………	172

問題解答 ……………………………………	175
付表1：標準正規分布表 ……………………………………	183
付表2：カイ2乗分布表 ……………………………………	184
付表3：ティー分布表 ……………………………………	185
付表4：エフ分布表 ……………………………………	186
索　引 ……………………………………	188

1章　確　率

1.1　標本空間，事象，確率

　サイコロを投げると 1 から 6 までの目のいずれかが出る．また，コインを投げると 表か裏 のいずれかが出る．これらはそれぞれ 1 つの実験であると考えることができる．このような実験を行うとき，起こりうるすべての結果からなる集合を**標本空間**（sample space）といい，S で表すことにする．例えば，サイコロを投げるときに出る目の標本空間は $S = \{1, 2, 3, 4, 5, 6\}$ である．また，コインを投げるときの標本空間は $S = \{表, 裏\}$ である．

　標本空間の部分集合を**事象**（event）という．事象を大文字 A, B などで表すことが多い．もしそれが空集合ならば**空事象**（null event）といい，ϕ で表す．例えば，サイコロを投げるとき，3 以下の目が出るという事象は $A = \{1, 2, 3\}$ である．

　事象 A と事象 B の和集合を $A \cup B$ で表し，事象 A と事象 B の**和事象**という．また，事象 A と事象 B の共通部分を $A \cap B$ で表し，事象 A と事象 B の**積事象**という．

　事象 A の**余事象**を A^c で表す．事象 A と A の余事象 A^c との間には次の性質が成り立つ：
$$A \cup A^c = S, \quad A \cap A^c = \phi.$$
　次のページの図 1.1 では標本空間 S を長方形で表し，(a) で事象 A を，(b) で A の余事象 A^c をそれぞれ陰影部分で表し，和事象 $A \cup B$ と積事象 $A \cap B$ をそれぞれ (c), (d) の陰影部分で表している．積事象が空事象であるとき，2 つの事象は**互いに素**（disjoint）であるという．

(a)

(b) A^c

(c) $A \cup B$

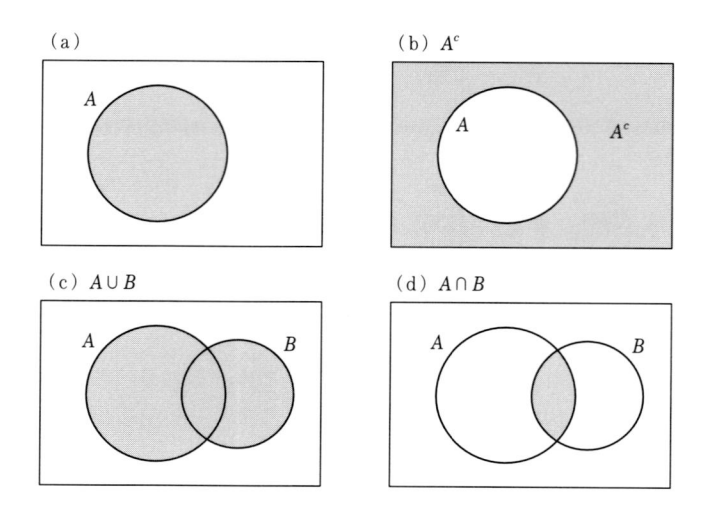

(d) $A \cap B$

図 1.1　標本空間と事象の関係

例 1.1

赤と白の 2 個のサイコロを投げるときの標本空間を求めよ．また，このとき，出る目の合計が 5 であるという事象を求めよ．

【解】 赤，白のサイコロの目をそれぞれ i, j とし，その対を (i, j) と表すとき，i, j は共に $1, 2, 3, 4, 5, 6$ のいずれかであるから，標本空間は

$$\begin{aligned}S = \{ &(1,1), (1,2), (1,3), (1,4), (1,5), (1,6), \\ &(2,1), (2,2), (2,3), (2,4), (2,5), (2,6), \\ &(3,1), (3,2), (3,3), (3,4), (3,5), (3,6), \\ &(4,1), (4,2), (4,3), (4,4), (4,5), (4,6), \\ &(5,1), (5,2), (5,3), (5,4), (5,5), (5,6), \\ &(6,1), (6,2), (6,3), (6,4), (6,5), (6,6) \}\end{aligned}$$

である．また，$i+j=5$ となる (i,j) は $(1,4), (2,3), (3,2), (4,1)$ であるから，出る目の合計が 5 であるという事象は

$$A = \{ (1,4), (2,3), (3,2), (4,1) \}$$

であり，これは標本空間 S の部分事象になっている． ◇

例 1.2

1つのサイコロを投げるものとする．次の問に答えよ．

（1） 偶数の目が出るという事象を A，3の倍数の目が出るという事象を B とするとき，それらの和事象と積事象を求めよ．

（2） 奇数の目が出るという事象を C とするとき，その余事象を求めよ．

【解】（1） $A = \{2, 4, 6\}$，$B = \{3, 6\}$ であるから，それらの和事象と積事象は $A \cup B = \{2, 3, 4, 6\}$，$A \cap B = \{6\}$ となる．

（2） $C = \{1, 3, 5\}$ であり，C の余事象は偶数の目が出るという事象であるから，$C^c = \{2, 4, 6\}$ となる． ◇

事象の和と積に対して次の関係が成立する：

交換法則： $\quad A \cup B = B \cup A, \quad A \cap B = B \cap A$

結合法則： $\quad A \cup (B \cup C) = (A \cup B) \cup C,$
$\quad\quad\quad\quad\quad A \cap (B \cap C) = (A \cap B) \cap C$

分配法則： $\quad A \cup (B \cap C) = (A \cup B) \cap (A \cup C),$
$\quad\quad\quad\quad\quad A \cap (B \cup C) = (A \cap B) \cup (A \cap C)$

ド・モルガンの法則： $(A \cup B)^c = A^c \cap B^c, \quad (A \cap B)^c = A^c \cup B^c.$

今後，いろいろな事象に対して確率を考えていく．

確率を考える事象の集まりを $\mathscr{A}$ とおく，$\mathscr{A}$ は集合の演算に対して閉じている必要がある．すなわち，

（i） 空事象 ϕ と全事象 S が $\mathscr{A}$ に含まれる： $\phi \in \mathscr{A}, \ S \in \mathscr{A}$．

（ii） 事象 A, B が $\mathscr{A}$ に属するとき，その和事象 $A \cup B$，積事象 $A \cap B$ も $\mathscr{A}$ に属する．また，A の余事象 A^c も $\mathscr{A}$ に属する．

（iii） $A_1, A_2, \cdots, A_n, \cdots$ が $\mathscr{A}$ に属するとき，$\bigcup_{n=1}^{\infty} A_n$ も $\mathscr{A}$ に属する．

例えば，コインを投げ続けることを考える．「いつかは表が出る」という事象を A とし，「n 回目に初めて表が出る」という事象を A_n とおけば，$A = \bigcup_{n=1}^{\infty} A_n$ と表される．このように，集合の無限和は身近に必要となる．

> **定義 1.1** $P(\cdot)$ が次の条件を満たすとき，**確率測度**といい，$P(A)$ を事象 A の**確率**（probability）と呼ぶ．
> （ⅰ） 任意の $A \in \mathscr{A}$ に対して $0 \leq P(A) \leq 1$．
> （ⅱ） $P(\phi) = 0$, $P(S) = 1$．
> （ⅲ） 任意の互いに素な事象 $A_1, A_2, \cdots, A_n, \cdots$，すなわち，$A_i \cap A_j = \phi$（$i \neq j$）に対して，
> $$P\left(\bigcup_{i=1}^{\infty} A_i\right) = \sum_{i=1}^{\infty} P(A_i).$$

例 1.3

任意の2つの事象 A と B に対して
$$P(A \cup B) = P(A) + P(B) - P(A \cap B)$$
が成立することを示せ．とくに $A \cap B = \phi$ ならば $P(A \cap B) = 0$ より
$$P(A \cup B) = P(A) + P(B)$$
が成立する．

【解】 3つの事象 $A \cap B$, $A \cap B^c$, $A^c \cap B$ は互いに素であるから，
$$P(A \cup B) = P(A \cap B^c) + P(A \cap B) + P(A^c \cap B).$$
この式に
$$P(A \cap B^c) = P(A) - P(A \cap B), \qquad P(A^c \cap B) = P(B) - P(A \cap B)$$
を代入することにより結論が得られる． $\diamond$

定義1.1によって標本空間 S と事象 A に対して，$A \cup A^c = S$ より $P(A \cup A^c) = 1$ であり，また $A \cap A^c = \phi$ より $P(A \cap A^c) = 0$ であるから，
$$P(A) + P(A^c) = 1, \quad \text{すなわち} \quad P(A^c) = 1 - P(A)$$
が成り立つ．

問 1.1 ド・モルガンの法則が成り立つことを確かめよ．

1.2 条件付き確率

夏のある日の「最高気温が 30 度以上になる」という事象の確率を考える．その日の天気が「晴れ」か「雨」かという条件をつけ加えるとき，「晴れ」という条件の下で，「最高気温が 30 度以上になる」という事象の確率は，「雨」という条件の下で，「最高気温が 30 度以上になる」という事象の確率とは異なると考えられる．

定義 1.2 事象 B が起こったという条件の下で事象 A が起こる確率を**条件付き確率**（conditional probability）といい，$P(A \mid B)$ と表す：
$$P(A \mid B) = \frac{P(A \cap B)}{P(B)} \qquad (P(B) > 0 \text{ のとき}).$$

例 1.4

過去の気象データから，ある日の天気が「晴れ」である確率は 0.8 であり，その日が「晴れ」で「30 度以上」になる確率は 0.4 であるとする．その日の天気が「晴れ」であるという条件の下で，気温が「30 度以上」になる条件付き確率を求めよ．

【解】「晴れ」であるという事象を B，「30 度以上」であるという事象を A とする．このとき条件付き確率の式より
$$P(A \mid B) = \frac{P(A \cap B)}{P(B)} = \frac{0.4}{0.8} = 0.5. \qquad \diamondsuit$$

条件付き確率の式は
$$P(A \cap B) = P(B) P(A \mid B)$$
となり，これを**乗法定理**という．A と B とを入れ替えれば，
$$P(A \cap B) = P(A) P(B \mid A)$$
とも表される．

例 1.5

5個の赤いボールには1から5までの番号が書かれ，7個の青いボールには1から7までの番号が書かれていて，これら合わせて12個のボールが袋に入れてある．この袋の中からボールを1つ取り出すとき，そのボールが赤いボールであるという事象を A，番号が2以下であるという事象を B とするとき，$P(A)$，$P(B \mid A)$，$P(A \cap B)$ を求め，乗法定理が成り立つことを確かめよ．

【解】 赤いボールを取り出す確率は $P(A) = \dfrac{5}{12}$．赤いボールが取り出されたという条件の下で，番号が2以下である確率は $P(B \mid A) = \dfrac{2}{5}$．したがって，

$$P(B \mid A) P(A) = \frac{2}{12} = \frac{1}{6}$$

である．一方，全体の中から番号が2以下の赤いボールが取り出される確率は $P(A \cap B) = \dfrac{2}{12} = \dfrac{1}{6}$ である．ゆえに，

$$P(A \cap B) = P(A) P(B \mid A)$$

が成立する． ◇

定義 1.3 事象 A, B は
$$P(A \cap B) = P(A) P(B)$$
を満たすとき**独立である**（independent）という．独立でないとき，**従属である**（dependent）という．

事象 A, B が独立で $P(B) > 0$ であるとき，乗法定理から $P(A \mid B) = P(A)$ が成り立つ．例1.5において，

$$P(B \mid A) = \frac{2}{5}, \quad P(B) = \frac{1}{3} \quad \therefore \quad P(B \mid A) \neq P(B)$$

であるから，事象 A と B は独立でない．

例 1.6

赤と白の 2 個のサイコロを投げるとき，赤のサイコロの目と白のサイコロの目の和が 3 の倍数であるという事象を A，赤のサイコロの目と白のサイコロの目の積が 10 の倍数であるという事象を B とする．A と B は独立であるか，従属であるか．

【解】 例 1.1 と同様に 2 つのサイコロの目の対を (i, j) と表す．このとき，
$$A = \{(1,2), (1,5), (2,1), (2,4), (3,3), (3,6)$$
$$(4,2), (4,5), (5,1), (5,4), (6,3), (6,6)\},$$
$$B = \{(2,5), (4,5), (5,2), (5,4), (5,6), (6,5)\},$$
$$A \cap B = \{(4,5), (5,4)\}$$
である．したがって，
$$P(A) = \frac{1}{3}, \qquad P(B) = \frac{1}{6}, \qquad P(A \cap B) = \frac{1}{18}.$$
$P(A \cap B) = P(A)P(B)$ が成り立つから，A と B とは独立である．　　◇

1.3　ベイズの定理

事象 $A_1, A_2, \cdots, A_n$ が互いに素で
$$S = A_1 \cup A_2 \cup \cdots \cup A_n$$
を満たすとき，事象の組 $\{A_1, A_2, \cdots, A_n\}$ を標本空間 S の**直和分割**または**層別**という．いま事象 B を考える．このとき，分配法則により
$$B = B \cap S = B \cap (A_1 \cup A_2 \cup \cdots \cup A_n)$$
$$= (B \cap A_1) \cup (B \cap A_2) \cup \cdots \cup (B \cap A_n).$$
また，$B \cap A_1, B \cap A_2, \cdots, B \cap A_n$ は互いに素であるから
$$P(B) = P(B \cap A_1) + P(B \cap A_2) + \cdots + P(B \cap A_n)$$
となり，条件付き確率を用いることにより
$$P(B) = P(B \mid A_1)P(A_1) + P(B \mid A_2)P(A_2) + \cdots + P(B \mid A_n)P(A_n)$$
が成り立つ．これを**全確率の公式**という．

例 1.7

ある大学の学生全体における男子学生の占める割合は 0.6 であり，また男子学生と女子学生のうち，パソコンを持っている割合は，それぞれ 0.3, 0.35 であるとする．このとき，ある学生がパソコンを持っている確率を求めよ．

【解】 ある学生がパソコンを持っているという事象を B とし，またある学生が男子学生であるという事象を A_1，女子学生であるという事象を A_2 とする．このとき，$A_1 \cup A_2 = S$, $A_1 \cap A_2 = \phi$ であるので，全確率の公式により

$$P(B) = P(B \mid A_1) P(A_1) + P(B \mid A_2) P(A_2)$$
$$= 0.3 \times 0.6 + 0.35 \times 0.4 = 0.32$$

となる． ◇

S の直和分割 $\{A_1, A_2, \cdots, A_n\}$ に対して，いま事象 B が起こったとする．確率 $P(A_1), \cdots, P(A_n)$ は事象 B を観測する前(事前)に与えられているので，**事前確率**(prior probability)という．B の確率は直接求まらないが，その条件付き確率 $P(B \mid A_1)$, $P(B \mid A_2)$, $\cdots$, $P(B \mid A_n)$ は求まっていることがある．全確率の公式は，B の確率 $P(B)$ が事前確率 $P(A_1), \cdots, P(A_n)$ とその条件付き確率 $P(B \mid A_1), \cdots, P(B \mid A_n)$ で表されることを意味する．それに対して，事象 B を観測した後(事後)での条件付き確率 $P(A_1 \mid B), \cdots, P(A_n \mid B)$ を**事後確率**(posterior probability)という．

条件付き確率の定義により $P(A_i \mid B) = \dfrac{P(B \cap A_i)}{P(B)}$ であるから，乗法定理と全確率の公式により

$$P(A_i \mid B)$$
$$= \frac{P(B \mid A_i) P(A_i)}{P(B \mid A_1) P(A_1) + P(B \mid A_2) P(A_2) + \cdots + P(B \mid A_n) P(A_n)}$$

が成り立つ．これを**ベイズの定理**という．ベイズの定理は事後確率が事前確率とその条件付き確率で表されることを意味している．

例 1.8

ある市は 3 つの町からなり，それらの町の人口を A_1, A_2, A_3 とすると，これらの割合は $0.3, 0.5, 0.2$ である．また，A_1, A_2, A_3 の中で携帯電話を持っている人の割合はそれぞれ，$0.4, 0.5, 0.3$ である．

（1）この市の人口のうち，携帯電話を持っている人の割合を求めよ．

（2）この市の人口のうち，携帯電話を持っている人が A_1 である確率を求めよ．

【解】この市の人口のうち，携帯電話を持っているという事象を B とする．

（1）全確率の公式から
$$P(B) = P(B \mid A_1) P(A_1) + P(B \mid A_2) P(A_2) + P(B \mid A_3) P(A_3)$$
$$= 0.4 \times 0.3 + 0.5 \times 0.5 + 0.3 \times 0.2 = 0.43.$$

（2）ベイズの定理により
$$P(A_1 \mid B) = \frac{P(B \mid A_1) P(A_1)}{P(B \mid A_1) P(A_1) + P(B \mid A_2) P(A_2) + P(B \mid A_3) P(A_3)}$$
$$= \frac{0.4 \times 0.3}{0.43} = \frac{12}{43}.$$
◇

例 1.9

壺 U_1 には赤のボールが 7 個と白のボールが 3 個入っており，壺 U_2 には赤のボールが 4 個と白のボールが 6 個入っている．銅貨を投げ，表が出たら壺 U_1 から，裏が出たら壺 U_2 からボールを 1 個取り出す．取り出されたボールが赤であったとき，このボールが壺 U_1 から取り出されたボールである確率を求めよ．

【解】壺 U_1, U_2 を選ぶ事象を U_1, U_2 とし，取り出されたボールが赤であるという事象を R とする．ボールを取り出す前の事前確率は
$$P(U_1) = P(U_2) = 0.5$$
である．また，取り出したボールが赤である確率はそれぞれ
$$P(R \mid U_1) = 0.7, \qquad P(R \mid U_2) = 0.4$$
である．ゆえに，取り出されたボールが赤であったとき，このボールが壺 U_1 から

取り出されたという事後確率は，ベイズの定理により，

$$P(U_1 \mid R) = \frac{P(R \mid U_1)\,P(U_1)}{P(R \mid U_1)\,P(U_1) + P(R \mid U_2)\,P(U_2)}$$
$$= \frac{0.7 \times 0.5}{0.7 \times 0.5 + 0.4 \times 0.5} = \frac{7}{11}$$

となる. ◇

演習問題 1

1.1 正20面体において，その20面は10組の対面で構成されている．その10組の対面に $0, 1, 2, \cdots, 9$ の10個の数字が書かれたサイコロを**乱数サイ**という．いま，赤白2つの乱数サイを同時に投げ，赤の乱数サイの目 i を十の位の値，白の乱数サイの目 j を一の位の値とするとき，2桁の数 ij が得られる．ただし，赤の乱数サイの0の目は1と書き替えられている（1から9の目はそのままである）とする.

（1） 標本空間を求めよ．

（2） 10から30までの数が出る確率を求めよ．

1.2 同じ大きさのボールが50個あり，そのうちの30個は赤色，残り20個は白色である．どちらの色のボールにも，そのうち10個にはAという文字が書かれ，残りにはBという文字が書かれているとする．いま，大きな箱の中にこれら50個のボールを入れて，よく混ぜ合わせた後に1個のボールを取り出す．

（1） そのボールが赤色である確率を求めよ．

（2） そのボールがBと書かれた白色のボールである確率を求めよ．

1.3 壺 U_1 には赤色のボールが10個，白色のボールが5個，壺 U_2 には赤色のボールが7個，白色のボールが8個，壺 U_3 には白色のボールだけが15個入っている．サイコロを投げてその目が1,2のときは壺 U_1 から，3,4のときは壺 U_2 から，5,6のときは壺 U_3 からボールを1個取り出すものとする．

取り出されたボールが赤色であるとき，このボールが壺 U_1 から取り出されたボールである確率を求めよ．

1.4 9月に発生する台風が，大型で日本のある地方に影響を及ぼす確率を p_{11}，大型でこの地方に影響を及ぼさない確率を p_{12}，また小型でこの地方に影響を及ぼす確率を p_{21}，小型でこの地方に影響を及ぼさない確率を p_{22} とする．このとき次の確率を求めよ．ただし，台風は大型と小型に分けられるものとする．

　（1）　大型台風であるという条件の下で，この地方に影響を及ぼす確率．

　（2）　この地方に影響を及ぼすという条件の下で，大型台風である確率．

　（3）　小型台風であるという条件の下で，この地方に影響を及ぼさない確率．

1.5　A, B, C, D, E, F の 6 チームからなる野球リーグのペナントレースにおいて，昨日までの対戦成績は次の表の通りであった．この成績通りの強さであるとし，今日の対戦が A 対 E，B 対 C，D 対 F のとき，次の確率を求めよ．ただし，引き分けはないものとする．

　（1）　A, C, D が勝つ確率．

　（2）　B, E, D の少なくとも 1 チームが勝つ確率．

	A	B	C	D	E	F
A	−	6 − 8	7 − 4	8 − 5	4 − 6	5 − 5
B	8 − 6	−	3 − 8	6 − 5	8 − 4	7 − 5
C	4 − 7	8 − 3	−	7 − 3	6 − 5	5 − 8
D	5 − 8	5 − 6	3 − 7	−	9 − 3	4 − 6
E	6 − 4	4 − 8	5 − 6	3 − 9	−	3 − 7
F	5 − 5	5 − 7	8 − 5	6 − 4	7 − 3	−

1.6　出題傾向が A, B, C の 3 つのタイプの試験問題があり，どのタイプの試験問題も同程度に出題される可能性がある．A, B, C のタイプの試験問題に対して，ある人が合格する確率はそれぞれ 0.8, 0.5, 0.7 である．いま，この人が試験に合格したとき，出題された試験問題のタイプが A である確率を求めよ．

1.7　ある小学校の生徒数は次の表の通りである．次の問に答えよ．

　（1）　全校生徒の中から 1 人を選ぶとき，その生徒が女子である確率を求めよ．

　（2）　サイコロを投げて，出た目の数の学年から 1 人を選ぶとき，その生徒

が女子である確率を求めよ．

学年	1年	2年	3年	4年	5年	6年
男子	53	51	47	50	45	41
女子	48	55	46	52	43	46

2章　データの整理

2.1　データ

　日常生活において，身の回りには種々のデータが存在する．例えば，電子メールが昼夜を問わず送られてくる．表 2.1 は ある人が 1999 年の 1 月 1 日から 4 月 10 日までの 100 日間に受け取った電子メールの件数である．これらのデータからどのようなことがわかるだろうか．また明日には何件の電子メールが送られてくると予想されるだろうか．

表 2.1　100 日間に受け取った電子メールの件数

0	1	0	2	1	4	3	6	0	0	0	1	3	1	0	0	0	6	4	4
1	3	2	1	4	2	0	1	4	2	0	4	0	1	0	1	0	0	4	0
1	0	1	0	0	3	3	2	6	1	0	0	6	2	1	5	7	1	0	3
2	2	3	0	0	0	1	1	3	0	0	0	0	3	0	1	1	3	0	0
0	0	1	0	0	2	0	2	0	3	1	1	1	0	1	1	4	2	4	0

　次の表は 1999 年 1 月 1 日から 1 月 31 日までの 31 日間の大阪の最高気温である．これからこの年の 1 月の気温についてどのようなことがいえるだろうか．

表 2.2　31 日間の大阪の最高気温（℃）

8.4	10.5	9.2	10.2	11.8	12.9	12.6	5.3	6.5	6.7
10.0	9.6	9.9	9.6	6.3	10.1	8.6	11.5	8.9	12.5
8.7	10.1	13.3	8.7	10.7	11.6	11.3	12.1	9.3	7.0
10.3									

　データの中には最初から，分類されているものもある．例えば，みかん 30 個の重さを測って次の表が得られたとする．これからどのようなことが

いえるだろうか．

表 2.3　みかん 30 個の重さ（単位：g）

65 g 以上 70 g 未満のみかん	1 個
70 g 以上 75 g 未満のみかん	3 個
75 g 以上 80 g 未満のみかん	6 個
80 g 以上 85 g 未満のみかん	7 個
85 g 以上 90 g 未満のみかん	9 個
90 g 以上 95 g 未満のみかん	4 個

　これらのデータはこのままでは単なる数字の集まりでしかなく，分類し整理して種々の情報を導きだすことが必要である．データが大量に与えられたとき，それらを分類し整理することは最初に行う重要な作業である．例えば，収穫したみかんは大きさの基準に従って，S, M, L のサイズに分類し，対応した箱に入れて出荷される．

　データを整理するとき，まず，これより小さい値はないという下限と，これより大きい値はないという上限をはっきりさせる必要がある．100 点満点の試験では，0 より小さい値（負の数）はないし，100 より大きい値もない．0 は下限で，100 は上限である．

　あらかじめデータの下限と上限が与えられていないときには，データの**最小値**と**最大値**を求めればすべてのデータは最小値と最大値の間にあるので，これらはこのデータの下限と上限の目安になる．例えば，前ページの電子メールの例では，1 日に 0 から 7 件の電子メールを受け取っている．したがって，最小値は 0 で最大値は 7 である．また，最高気温の例では，最小値は 5.3 であり最大値は 13.3 である．

　実際のデータの場合には，データの最小値，あるいは，それより少し小さな値で取り扱いやすい値をデータの下限 a として選び，データの最大値，あるいは，それより少し大きな値で取り扱いやすい値をデータの上限 b として選ぶ．データが存在する区間 $[a, b]$ を適当な数 k で等分するとき，k 等分

された区間を**階級**（class）といい，k を**階級数**という．そのとき，階級の幅 d と k 等分点は $d = (b-a)/k$ として

$$a_0 = a, \quad a_1 = a+d, \quad a_2 = a+2d, \quad \cdots, \quad a_k = a+kd = b$$

である．k 個の階級は小区間 $[a_0, a_1)$，$[a_1, a_2)$，$[a_2, a_3)$，$\cdots$，$[a_{k-2}, a_{k-1})$，$[a_{k-1}, a_k]$ であり，全データはそれらの階級のいずれかに属することになる．各階級を代表する値を**階級値**といい，一般には階級の中心

$$c_i = \frac{a_{i-1} + a_i}{2} = a_{i-1} + \frac{d}{2} = a + (i - 0.5)d$$

を用いる．最高気温の例において，データの下限を $a = 5$，上限を $b = 14$ とし，5℃台，6℃台，$\cdots$，13℃台 として階級幅 $d = 1$℃ ごとの階級数 $k = 9$ 個の階級に分ける：

$$[a_0, a_1) = [5.0, 6.0), \quad [a_1, a_2) = [6.0, 7.0),$$
$$\cdots, \quad [a_7, a_8) = [12.0, 13.0), \quad [a_8, a_9] = [13.0, 14.0].$$

これらの階級値は

$$c_1 = 5.5, \quad c_2 = 6.5, \quad \cdots, \quad c_8 = 12.5, \quad c_9 = 13.5$$

となる．n 個のデータを k 個の階級に分類するとき，各階級 $[a_{i-1}, a_i)$ に属すデータの個数 n_i を**度数**という：

$$n_1, \quad n_2, \quad \cdots, \quad n_k \quad (n_1 + n_2 + \cdots + n_k = n).$$

各階級のデータ数の全データ数 n に対する比率を**相対度数**という：

$$f_1 = \frac{n_1}{n}, \quad f_2 = \frac{n_2}{n}, \quad \cdots, \quad f_k = \frac{n_k}{n} \quad (f_1 + f_2 + \cdots + f_k = 1)$$

このとき，**累積度数**を，

$$N_1 = n_1, \quad N_2 = n_1 + n_2, \quad \cdots, \quad N_k = n_1 + n_2 + \cdots + n_k = n$$

で表し，**累積相対度数**を

$$F_1 = \frac{N_1}{n}, \quad F_2 = \frac{N_2}{n}, \quad \cdots, \quad F_{k-1} = \frac{N_{k-1}}{n}, \quad F_k = \frac{N_k}{n} = 1$$

で表す．これらを表 2.4 のように表したものを**度数分布表**という．

階級に分ける前のデータを**粗データ**といい，階級分けして度数をとったデータを**度数データ**という．

表 2.4 度数分布表

階級	階級値	度数	累積度数	相対度数	累積相対度数
$[a_0, a_1)$	c_1	n_1	N_1	f_1	F_1
$[a_1, a_2)$	c_2	n_2	N_2	f_2	F_2
...	...	...	...	...	...
$[a_{k-2}, a_{k-1})$	c_{k-1}	n_{k-1}	N_{k-1}	f_{k-1}	F_{k-1}
$[a_{k-1}, a_k]$	c_k	n_k	$N_k = n$	f_k	$F_k = 1$

表 2.1 および表 2.2 の例に対しては次のような度数分布表が得られる.

表 2.5 電子メールの度数と相対度数

階級値	度数	累積度数	相対度数	累積相対度数
0	39	39	0.39	0.39
1	24	63	0.24	0.63
2	11	74	0.11	0.74
3	11	85	0.11	0.85
4	9	94	0.09	0.94
5	1	95	0.01	0.95
6	4	99	0.04	0.99
7	1	100	0.01	1.00

表 2.6 最高気温の度数と相対度数

階級	階級値	度数	累積度数	相対度数	累積相対度数
$[5.0, 6.0)$	5.5	1	1	0.032	0.032
$[6.0, 7.0)$	6.5	3	4	0.097	0.129
$[7.0, 8.0)$	7.5	1	5	0.032	0.161
$[8.0, 9.0)$	8.5	5	10	0.161	0.322
$[9.0, 10.0)$	9.5	5	15	0.161	0.483
$[10.0, 11.0)$	10.5	7	22	0.227	0.710
$[11.0, 12.0)$	11.5	4	26	0.129	0.839
$[12.0, 13.0)$	12.5	4	30	0.129	0.968
$[13.0, 14.0]$	13.5	1	31	0.032	1.000

2.2 データの特性値

階級相互の比較が目で見て容易にわかるようにするために，度数分布表で与えられた各階級の度数をその度数に応じた高さの長方形で表して，度数分布をグラフ表示したものを**ヒストグラム**という．電子メールの例では図2.1のように逆"J"字型になる．最高気温の例では図2.2のようになる．

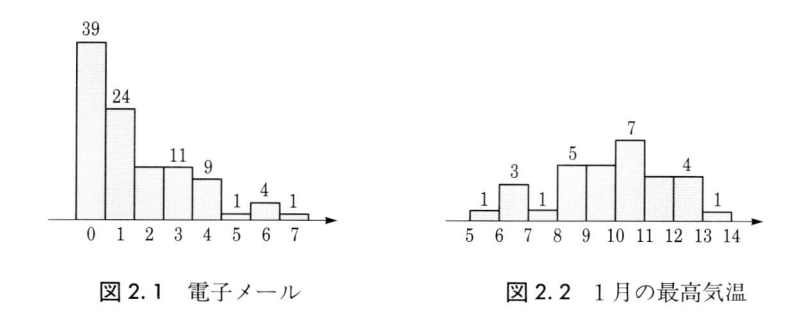

図2.1 電子メール　　　　図2.2 1月の最高気温

問 2.1 みかんの例において，度数分布表を求め，ヒストグラムを描け．

2.2 データの特性値

n 個のデータ $x_1, x_2, \cdots, x_n$ からいくつかの特性値を求めよう．まず，データの和をデータの個数で割ることを**平均**（mean）をとるといい，得られた値を**平均値**（mean value）という．これを $\bar{x}$ で表す：

$$\bar{x} = \frac{x_1 + x_2 + \cdots + x_n}{n} = \frac{1}{n} \sum_{i=1}^{n} x_i.$$

また，k 個の階級に分けられ，その度数分布が与えられているときには，各階級の階級値 c_i とその度数 n_i によって平均値 $\bar{x}$ は

$$\bar{x} = \frac{c_1 n_1 + c_2 n_2 + \cdots + c_k n_k}{n} = \frac{1}{n} \sum_{i=1}^{k} c_i n_i = \sum_{i=1}^{k} c_i f_i$$

と表される．ここで，$n = n_1 + n_2 + \cdots + n_k = \sum_{i=1}^{k} n_i$ である．標本の平均であることを強調して $\bar{x}$ を**標本平均**（sample mean）ということもある．平均を求めるには表2.7のように順序だてて，分母と分子を計算するとよい．

表 2.7

階級値	度数	階級値 × 度数
c_1	n_1	$c_1 n_1$
c_2	n_2	$c_2 n_2$
$\vdots$	$\vdots$	$\vdots$
c_k	n_k	$c_k n_k$
計	$n_1 + n_2 + \cdots + n_k$	$c_1 n_1 + c_2 n_2 + \cdots + c_k n_k$

表 2.5 の電子メールの例では,表 2.8 から

$$\bar{x} = \frac{151}{100} = 1.51$$

となる.データによっては次のように**仮平均**を用いると計算が容易になることがある.適当な u と t を用いて $y_i = (x_i - t)/u$ ($i = 1, 2, \cdots, n$) と変換すると,$\bar{y} = (\bar{x} - t)/u$ から $\bar{x} = t + u\bar{y}$ が求まる.例えば,最高気温の例(表 2.6)では $t = 9.5$,$u = 1$ とすると,表 2.9 から,

$$\bar{x} = 9.5 + \frac{11}{31} = 9.85$$

となる(演習問題 2.1, 2.2 参照).

表 2.8 電子メールの例

階級値	度数	階級値 × 度数
0	39	0 × 39
1	24	1 × 24
2	11	2 × 11
3	11	3 × 11
4	9	4 × 9
5	1	5 × 1
6	4	6 × 4
7	1	7 × 1
	100	151

表 2.9 最高気温の例

c_i	n_i	y_i	$y_i n_i$
5.5	1	-4	-4
6.5	3	-3	-9
7.5	1	-2	-2
8.5	5	-1	-5
9.5	5	0	0
10.5	7	1	7
11.5	4	2	8
12.5	4	3	12
13.5	1	4	4
	31		11

2.2 データの特性値

$x_1, x_2, \cdots, x_n$ の中で最小のものを $x_{(1)}$ とする．もし最小のものが2つ以上存在する場合にはそのうちの1つとする．すなわち，最小値は

$$x_{(1)} = \min\{x_1, x_2, \cdots, x_n\}$$

である．集合 $\{x_1, x_2, \cdots, x_n\}$ から $x_{(1)}$ を除いた残りの $n-1$ 個の中で最小のものを $x_{(2)}$ とする．もし2つ以上存在する場合にはそのうちの1つとする．以下同様にして，$i = 3, 4, \cdots, n$ に対して，集合 $\{x_1, x_2, \cdots, x_n\}$ から $\{x_{(1)}, x_{(2)}, \cdots, x_{(i-1)}\}$ を除いた残りの中で最小のものを $x_{(i)}$ とする．同様な操作を繰り返して，最後に残った $x_{(n)}$ が最大値である：

$$x_{(n)} = \max\{x_1, x_2, \cdots, x_n\}.$$

すなわち，データが小さいものから順に並び替えたものが得られる：

$$x_{(1)} \leq x_{(2)} \leq \cdots \leq x_{(n)}.$$

最大値と最小値の差 $x_{(n)} - x_{(1)}$ を**範囲**(range)という．また，データを大きさの順に並べたとき，中央にくる値を**中央値**(median)といい，$x_{(\mathrm{me})}$ と表す．つまり，中央値 $x_{(\mathrm{me})}$ は

$$x_{(\mathrm{me})} = \begin{cases} x_{(k+1)} & （n \text{ が奇数 } n = 2k+1 \text{ のとき}） \\ \dfrac{1}{2}\{x_{(k)} + x_{(k+1)}\} & （n \text{ が偶数 } n = 2k \text{ のとき}） \end{cases}$$

で与えられる．

表2.1の電子メールの例では最小値は $x_{(1)} = 0$，最大値は $x_{(100)} = 7$ であり，$x_{(\mathrm{me})} = 1$ である．

度数が最大である階級の階級値を**最頻値**(mode)といい $x_{(\mathrm{mo})}$ で表す．電子メールの例では階級値0が度数最大であり，したがって最頻値は $x_{(\mathrm{mo})} = 0$ である．

各データ x_i と平均値 $\bar{x}$ との差を**偏差**という．偏差はデータが平均からどれくらい離れているかを表している．偏差の2乗和をデータの個数で割ったものを**分散**(variance)といい，s^2 で表す：

$$s^2 = \frac{1}{n}\{(x_1 - \bar{x})^2 + (x_2 - \bar{x})^2 + \cdots + (x_n - \bar{x})^2\} = \frac{1}{n}\sum_{i=1}^{n}(x_i - \bar{x})^2.$$

度数分布が与えられているときには

$$s^2 = \frac{1}{n}\{(c_1 - \bar{x})^2 n_1 + (c_2 - \bar{x})^2 n_2 + \cdots + (c_k - \bar{x})^2 n_k\}$$

$$= \frac{1}{n}\sum_{i=1}^{k}(c_i - \bar{x})^2 n_i = \sum_{i=1}^{k}(c_i - \bar{x})^2 f_i.$$

式を変形すると

$$s^2 = \frac{1}{n}\sum_{i=1}^{n}(x_i - \bar{x})^2 = \frac{1}{n}\sum_{i=1}^{n}(x_i^2 - 2\bar{x}x_i + \bar{x}^2)$$

$$= \frac{1}{n}\sum_{i=1}^{n}x_i^2 - \frac{2}{n}\bar{x}\sum_{i=1}^{n}x_i + \bar{x}^2 = \frac{1}{n}\sum_{i=1}^{n}x_i^2 - 2\bar{x}^2 + \bar{x}^2$$

$$= \frac{1}{n}\sum_{i=1}^{n}x_i^2 - \bar{x}^2$$

であり，同様に度数分布が与えられている場合についても

$$s^2 = \sum_{i=1}^{k}(c_i - \bar{x})^2 f_i = \sum_{i=1}^{k}(c_i^2 - 2\bar{x}c_i + \bar{x}^2)f_i$$

$$= \sum_{i=1}^{k}c_i^2 f_i - 2\bar{x}\sum_{i=1}^{k}c_i f_i + \bar{x}^2\sum_{i=1}^{k}f_i = \sum_{i=1}^{k}c_i^2 f_i - 2\bar{x}^2 + \bar{x}^2$$

$$= \sum_{i=1}^{k}c_i^2 f_i - \bar{x}^2$$

となる．これから，分散は「2乗平均から平均の2乗を引く」ことによって求めることができる：

$$s^2 = \frac{1}{n}\sum_{i=1}^{n}x_i^2 - \bar{x}^2$$

これを**分散公式**という．標本の分散であることを強調して，s^2 を**標本分散**（sample variance）ということもある．分散の正の平方根 s を**標準偏差**という：

$$s = \sqrt{\frac{1}{n}\sum_{i=1}^{n}(x_i - \bar{x})^2} = \sqrt{\frac{1}{n}\sum_{i=1}^{n}x_i^2 - \bar{x}^2}$$

あるいは $\quad s = \sqrt{\frac{1}{n}\sum_{i=1}^{k}(c_i - \bar{x})^2 n_i} = \sqrt{\sum_{i=1}^{k}c_i^2 f_i - \bar{x}^2}.$

電子メールの例では，分散は $s^2 = 3.01$ となり，これより標準偏差は $s = 1.735$ となる．

偏差を h 乗して加えたものをデータの個数で割ったものを（中心まわりの）h **次のモーメント**という．これを M_h で表す：
$$M_h = \frac{1}{n}\sum_{i=1}^{n}(x_i - \bar{x})^h.$$
とくに，$M_2 = s^2$（分散）である．度数分布が与えられている場合には
$$M_h = \frac{1}{n}\sum_{i=1}^{k}(c_i - \bar{x})^h n_i.$$

問 2.2 最高気温の例において，次の問に答えよ．
（1） データを小さい順に並べ替えよ．最小値，最大値，範囲，中央値を求めよ．
（2） 度数分布表を用いて，最頻値を求めよ．

問 2.3 最高気温の例の平均，分散および標準偏差を求めよ．

問 2.4 みかんの例の分散と標準偏差を求めよ．

2.3 2次元データの整理

"身長と体重"や"2科目の試験の点数"などのように，2次元のデータ $(x_1, y_1), (x_2, y_2), \cdots, (x_n, y_n)$ を取り扱う場合がある．1次元のデータは大小関係により相互の比較が可能であるが，2次元のデータに対しては単なる大小関係では比較できない要因が含まれている．例えば，1999年1月の東京の最高気温と最低気温を調べると，次のようであった．

表 2.10

(9.1, 2.0)	(10.3, 0.8)	(10.6, 4.2)	(10.5, 3.9)	(9.5, 1.9)
(11.3, 1.5)	(12.7, 3.7)	(6.1, 1.9)	(7.9, 0.1)	(9.3, 0.9)
(10.1, 0.3)	(11.2, 2.6)	(12.4, 2.2)	(11.5, 2.1)	(7.1, 4.8)
(11.8, 1.7)	(10.2, 2.6)	(11.8, 1.8)	(8.9, 3.5)	(16.4, 3.6)
(9.5, 4.6)	(11.7, 1.7)	(14.6, 2.6)	(9.1, 4.3)	(7.7, 4.5)
(15.3, 4.2)	(11.2, 5.5)	(16.1, 4.3)	(10.7, 5.3)	(7.5, 1.3)
(11.2, 0.6)				

平面上に 2 次元の座標軸を描き，個々のデータに対応する座標を点として記入した図を**散布図**という．データ全体を見た場合に，x 座標が大きいデータほど y 座標が大きくなる傾向があるか，逆に x 座標が大きいデータほど y 座標が小さくなる傾向があるか，など データの相互関係を散布図から直観的に読み取ることができる．最高気温と最低気温の 2 次元データに対して，散布図を描くと図 2.3 のようになる．

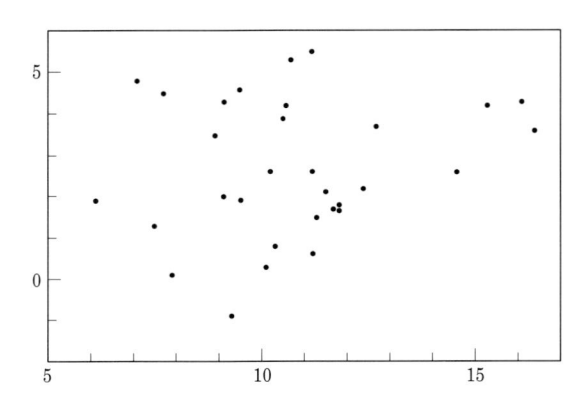

図 2.3

x-成分を k 個の階級 $I_1, I_2, \cdots, I_k$ に分け，それらの階級値を $c_1, c_2, \cdots, c_k$ とする．同様に，y-成分を l 個の階級 $J_1, J_2, \cdots, J_l$ に分け，それらの階級値を $d_1, d_2, \cdots, d_l$ とする．そのとき，(c_i, d_j) は領域 $I_i \times J_j$ の領域値になっている．

n 個のデータの中で，領域 $I_i \times J_j$ に含まれるものの個数 n_{ij} が同時度数であり，x-成分が階級 I_i に含まれるものの個数 $n_{i.}$ が x の周辺度数，y-成分が階級 J_j に含まれるものの個数 $n_{.j}$ が y の周辺度数である．このとき，次の式が成り立つ：

$$n_{i.} = \sum_{j=1}^{l} n_{ij}, \qquad n_{.j} = \sum_{i=1}^{k} n_{ij},$$

$$n = \sum_{i=1}^{k} \sum_{j=1}^{l} n_{ij} = \sum_{i=1}^{k} n_{i.} = \sum_{j=1}^{l} n_{.j}.$$

これらを次のように表にしたものを**相関表**(correlation table)という．

2.3 2次元データの整理

表 2.11 相関表

x \ y	d_1	d_2	$\cdots$	d_l	計
c_1	n_{11}	n_{12}	$\cdots$	n_{1l}	$n_{1.}$
c_2	n_{21}	n_{22}	$\cdots$	n_{2l}	$n_{2.}$
$\vdots$	$\vdots$	$\vdots$	$\ddots$	$\vdots$	
c_k	n_{k1}	n_{k2}	$\cdots$	n_{kl}	$n_{k.}$
計	$n_{.1}$	$n_{.2}$	$\cdots$	$n_{.l}$	n

粗データに対して，x, y-成分のそれぞれの平均と分散は

$$\bar{x} = \frac{1}{n} \sum_{i=1}^{n} x_i, \qquad \bar{y} = \frac{1}{n} \sum_{i=1}^{n} y_i,$$

$$s_x^2 = \frac{1}{n} \sum_{i=1}^{n} (x_i - \bar{x})^2, \qquad s_y^2 = \frac{1}{n} \sum_{i=1}^{n} (y_i - \bar{y})^2.$$

度数データに対しては，x, y-成分それぞれの平均と分散は

$$\bar{x} = \frac{1}{n} \sum_{i=1}^{k} c_i n_{i.}, \qquad \bar{y} = \frac{1}{n} \sum_{j=1}^{l} d_j n_{.j},$$

$$s_x^2 = \frac{1}{n} \sum_{i=1}^{k} (c_i - \bar{x})^2 n_{i.}, \qquad s_y^2 = \frac{1}{n} \sum_{j=1}^{l} (d_j - \bar{y})^2 n_{.j}.$$

さらに，x, y の偏差の積の平均

$$s_{xy} = \frac{1}{n} \sum_{i=1}^{n} (x_i - \bar{x})(y_i - \bar{y})$$

を**共分散**（covariance）という．分散と同様に，共分散の計算は「積の平均から平均の積を引く」ことによって求める方がまるめの誤差が少ない．

$$s_{xy} = \frac{1}{n} \sum_{i=1}^{n} x_i y_i - \bar{x}\,\bar{y}$$

これを**共分散公式**という．

度数データに対しては共分散は

$$s_{xy} = \frac{1}{n} \sum_{i=1}^{k} \sum_{j=1}^{l} (c_i - \bar{x})(d_j - \bar{y}) n_{ij}$$

となり，共分散公式は次のようになる：

$$s_{xy} = \frac{1}{n}\sum_{i=1}^{k}\sum_{j=1}^{l} c_i d_j n_{ij} - \bar{x}\,\bar{y}$$

また，x, y の**相関係数**（correlation coefficient）は分散と共分散を用いて

$$r = \frac{s_{xy}}{s_x s_y} \qquad (-1 \le r \le 1)$$

で定義される．

例 2.1

相関係数 r は

$$|r| \le 1, \quad \text{すなわち} \quad -1 \le r \le 1$$

を満たすことを示せ．

【解】 一般に，偏差を標準偏差で割ることを**標準化する**または ***z*-変換する**という．いま，x, y をそれぞれ標準化，すなわち，z-変換すると

$$u_i = \frac{x_i - \bar{x}}{s_x}, \qquad v_i = \frac{y_i - \bar{y}}{s_y}.$$

そのとき，

$$\bar{u} = \frac{1}{n}\sum_{i=1}^{n} u_i = 0, \qquad \bar{v} = \frac{1}{n}\sum_{i=1}^{n} v_i = 0,$$

$$s_u^2 = \frac{1}{n}\sum_{i=1}^{n} u_i^2 = 1, \qquad s_v^2 = \frac{1}{n}\sum_{i=1}^{n} v_i^2 = 1,$$

$$s_{uv} = \frac{1}{n}\sum_{i=1}^{n} u_i v_i = r$$

が成り立つ．したがって，

$$0 \le \frac{1}{n}\sum_{i=1}^{n}(u_i \pm v_i)^2 = \frac{1}{n}\sum_{i=1}^{n}(u_i^2 \pm 2u_i v_i + v_i^2)$$

$$= \frac{1}{n}\sum_{i=1}^{n} u_i^2 \pm 2\frac{1}{n}\sum_{i=1}^{n} u_i v_i + \frac{1}{n}\sum_{i=1}^{n} v_i^2 = 2 \pm 2r \quad (\text{複号同順})$$

が成り立つ．これより，

$$-1 \le r \le 1, \quad \text{すなわち} \quad |r| \le 1$$

が示された． $\diamondsuit$

問 2.5 表 2.10 のデータに対して，$\bar{x}, \bar{y}, s_x^2, s_y^2, s_{xy}$ および r を求めよ．

演習問題 2

2.1 データ $x_1, x_2, \cdots, x_n$ に対して $y_i = (x_i - t)/u$ ($i = 1, 2, \cdots, n$) とおく.ただし,t, u は定数である.

(1) $\bar{y} = (\bar{x} - t)/u$ つまり,$\bar{x} = u\bar{y} + t$ が成り立つことを示せ.

(2) x の分散 s_x^2 と y の分散 s_y^2 の間には $s_x^2 = u^2 s_y^2$ の関係があることを示せ.

2.2 x についてデータが k 個の階級に分けられ,階級値 c_i とその度数 n_i が与えられているとき,$y = (x-t)/u$, $c_i' = (c_i - t)/u$ ($i = 1, 2, \cdots, k$) とおく.ただし,t, u は定数である.このとき,y について階級値 c_i' と度数 n_i のデータが与えられたことになる.

(1) $\bar{y} = (\bar{x} - t)/u$ つまり,$\bar{x} = u\bar{y} + t$ が成り立つことを示せ.

(2) $s_x^2 = u^2 s_y^2$ が成り立つことを示せ.

2.3 データ $x_1, x_2, \cdots, x_n$ に対して,
$$\Delta^2(a) = \frac{1}{n} \sum_{i=1}^{n} (x_i - a)^2$$
とおく.

(1) 次の式が成り立つことを示せ:
$$\Delta^2(a) = \frac{1}{n} \sum_{i=1}^{n} (x_i - \bar{x})^2 + (\bar{x} - a)^2.$$

(2) $\Delta^2(a)$ を最小にする a とそのときの最小値を標本平均 $\bar{x}$ と標本分散 s^2 を用いて表せ.

2.4 2次元データ $(x_1, y_1), (x_2, y_2), \cdots, (x_n, y_n)$ に対して,
$$\Delta^2(a, b) = \frac{1}{n} \sum_{i=1}^{n} (y_i - a - bx_i)^2$$
とおく.

(1) 次の式が成り立つことを示せ:
$$\Delta^2(a, b) = \frac{1}{n} \sum_{i=1}^{n} \{(y_i - \bar{y}) - b(x_i - \bar{x})\}^2 + (\bar{y} - b\bar{x} - a)^2.$$

(2) $\Delta^2(a, b)$ を最小にする a, b とそのときの最小値を標本平均,標本分散,共分散および相関係数を用いて表せ.

2.5 表 2.10 (p. 21) は 1 月 1 日から 1 月 31 日までの最高気温と最低気温の変化を表している．日にちを x 軸にとり，温度を y 軸にとって最高気温と最低気温の変化をグラフに表せ．

2.6 前問において，最高気温に注目するとき，1 月 1 日から 3 日間ごとの平均をとり，その値を 3 日間の真ん中の日に割り当てる．例えば，1 月 1 日から 1 月 3 日の平均を 1 月 2 日に割り当て，1 月 2 日から 1 月 4 日の平均を 1 月 3 日に割り当て，同様な操作を繰り返し，1 月 29 日から 1 月 31 日の平均を 1 月 30 日に割り当てる．このように移動しながら (3 つごとの) データの平均を繰り返しとることを (幅 3 の) **移動平均** (moving average) をとるという．ただし，1 日と 31 日はデータの値そのものとする．表 2.10 の最高気温と最低気温について幅 3 の移動平均をとり，前問で求めたグラフの上にそれらの移動平均のグラフを描き，どのような違いがあるか述べよ．

3章　確率変数と確率分布

3.1　確率変数

　サイコロを投げて出る目の値を X とすると，標本空間は $\{1,2,3,4,5,6\}$ であり，もしサイコロに偏りがなければ，X は確率 $\dfrac{1}{6}$ で，$1,2,3,4,5,6$ のいずれかの値をとる．また，1日の最高気温を X ℃で表すと，標本空間は実数軸上のある区間 $[a,b]$ であり，a,b はそれぞれ起こりうる最低の気温と最高の気温となり，X は連続的な値をとる．電子メールの例では，1日に受け取るメールの件数を X とすると，X の値は集合 $\{0,1,2,\cdots\}$ のいずれかの値をある確率でとる．このように，標本空間上の値をとる変数で，その値のとりやすさの確率を伴っているものを **確率変数**（random variable）という．確率変数が離散的な値をとるとき **離散確率変数** といい，連続的な値をとるとき **連続確率変数** という．一般に確率変数は大文字 X,Y,Z などで表し，それらの確率変数がとる値を小文字 x,y,z などで表すことが多い．

例 3.1

　百円硬貨を投げ，表が出たら100，裏が出たら0として定義される確率変数を X とすると，標本空間は $\{0,100\}$ であり，偏りのない硬貨に対して，その確率は $P(X=0)=P(X=100)=\dfrac{1}{2}$ となる．　　　　　◇

例 3.2

　赤と白の2つのサイコロを投げるときに出る目の値 i,j の積 $i\times j$ によって定義される確率変数を X とする．

$i \backslash j$	1	2	3	4	5	6
1	1	2	3	4	5	6
2	2	4	6	8	10	12
3	3	6	9	12	15	18
4	4	8	12	16	20	24
5	5	10	15	20	25	30
6	6	12	18	24	30	36

表から標本空間は $\{1, 2, 3, 4, 5, 6, 8, 9, 10, 12, 15, 16, 18, 20, 24, 25, 30, 36\}$ であり，その確率は次のようになる：

$P(X=1) = 1/36 \quad P(X=2) = 2/36 \quad P(X=3) = 2/36$

$P(X=4) = 3/36 \quad P(X=5) = 2/36 \quad P(X=6) = 4/36$

$P(X=8) = 2/36 \quad P(X=9) = 1/36 \quad P(X=10) = 2/36$

$P(X=12) = 4/36 \quad P(X=15) = 2/36 \quad P(X=16) = 1/36$

$P(X=18) = 2/36 \quad P(X=20) = 2/36 \quad P(X=24) = 2/36$

$P(X=25) = 1/36 \quad P(X=30) = 2/36 \quad P(X=36) = 1/36 \quad \diamondsuit$

例 3.3

地球儀を回して止まったところの経度を X とする．ただし，東経は $+$，西経は $-$ で表す．このとき，X は -180 以上 180 未満の値（$-180 \leq X < 180$）をとる確率変数である． $\diamondsuit$

離散確率変数 X に対して，とり得る値を小さい順に $x_1 \leq x_2 \leq \cdots \leq x_n$ とすると，X は標本空間 $S = \{x_1, x_2, \cdots, x_n\}$ 上の値をとる．それぞれの値に対する確率を関数 $p(x)$ を用いて

$$p(x_k) = P(X = x_k)$$

と表し，この関数を**確率関数**（probability function），または，**確率重み関数**（probability mass function）という．とくに，X が値 $0, 1, 2, \cdots$ をとるとき，$p_k = p(x_k)$（$k = 0, 1, 2, \cdots$）と表すことがある．

任意の実数 x に対して，
$$F(x) = P(X \leq x) = \sum_{x_i \leq x} p(x_i)$$
で定義された関数 $F(x)$ を**分布関数**(distribution function)という．定義から，$F(x)$ は x についての非減少関数であり，次の性質が成り立つ：
$$F(-\infty) = 0, \qquad F(+\infty) = \sum_{k=1}^{n} p(x_k) = 1.$$

例 3.4

例 3.1 の百円硬貨の例で，確率関数と分布関数を求めよ．

【解】 標本空間は $S = \{0, 100\}$ であり，$x_1 = 0$, $x_2 = 100$ とすると
$$p(x_1) = p(x_2) = \frac{1}{2}$$
である．また，分布関数は次のようになる：
$$F(x) = \begin{cases} 0 & (x < 0) \\ \dfrac{1}{2} & (0 \leq x < 100) \\ 1 & (100 \leq x). \end{cases}$$
□

離散確率変数と同様に，連続確率変数 X に対しても分布関数 $F(x)$ は
$$F(x) = P(X \leq x), \quad F(-\infty) = 0, \quad F(+\infty) = 1$$
であり，x についての非減少関数である．離散確率変数とは異なり，連続確率変数の分布関数は連続関数となることに注意しよう．さらに，$F(x)$ が微分できるとき，その導関数 $f(x)$ ($= F'(x)$) を**密度関数**(density function)という．$F(x)$ は x についての非減少関数であるからその導関数である密度関数は非負である．また，$F(x)$ は積分を用いて
$$F(x) = \int_{-\infty}^{x} f(y)\, dy, \qquad f(y) \geq 0$$
と表される．とくに，次の性質が成り立つ：
$$F(-\infty) = 0, \qquad F(+\infty) = \int_{-\infty}^{\infty} f(x)\, dx = 1.$$

例 3.5

例 3.3 における確率変数の密度関数と分布関数を求めよ．

【解】

密度関数は
$$f(x) = \begin{cases} \dfrac{1}{360} & (-180 \leq x < 180) \\ 0 & (その他), \end{cases}$$

分布関数は
$$F(x) = \begin{cases} 0 & (x \leq -180) \\ \dfrac{x+180}{360} & (-180 < x < 180) \\ 1 & (180 \leq x). \end{cases}$$ ◇

問 3.1 赤白2つのさいころを投げるとき出る目をそれぞれ i, j とする．そのとき，目の値の差 $X = i - j$ は確率変数であるが，X の分布（確率関数や分布関数）を求めよ．

3.2 平均，分散，モーメント

確率変数 X は，とりやすさの確率（$p(x_i)$ あるいは $f(x)$）を伴っていろいろな値をとる．確率変数 X の**期待値**（expectation）を $E(X)$ で表し，

$$E(X) = \begin{cases} \sum_{i=1}^{n} x_i\, p(x_i) & （離散分布の場合） \\ \int_{-\infty}^{\infty} x\, f(x)\, dx & （連続分布の場合） \end{cases}$$

で定義する．期待値のことを**平均値**（mean value），または単に**平均**（mean）という．平均を記号 μ で表すことがある．データの平均と区別するために平均値を**母平均**または**数学的平均**ということもある．

確率変数 X とその平均 $E(X) = \mu$ との差 $X - \mu$ を**偏差**という．偏差の2乗平均を X の**分散**（variance）といい，$V(X)$ で表す：

$$V(X) = E\{(X-\mu)^2\} = \begin{cases} \sum_{i=1}^{n} (x_i - \mu)^2\, p(x_i) & （離散分布の場合） \\ \int_{-\infty}^{\infty} (x-\mu)^2 f(x)\, dx & （連続分布の場合）. \end{cases}$$

分散は平均まわりのちらばり具合を表している．分散を記号 σ^2 で表すことが多い．

定理 3.1 定数 c, d に対して，次のことが成り立つ：
$$E(cX + d) = c\,E(X) + d, \qquad V(cX + d) = c^2\,V(X).$$

［証明］ 離散分布の場合は
$$\begin{aligned}E(cX + d) &= \sum_{i=1}^{n} (cx_i + d)\,p(x_i) \\ &= c\sum_{i=1}^{n} x_i\,p(x_i) + d\sum_{i=1}^{n} p(x_i) = c\,E(X) + d.\end{aligned}$$
連続分布の場合は
$$\begin{aligned}E(cX + d) &= \int_{-\infty}^{\infty} (cx + d)f(x)\,dx \\ &= c\int_{-\infty}^{\infty} x\,f(x)\,dx + d\int_{-\infty}^{\infty} f(x)\,dx = c\,E(X) + d.\end{aligned}$$
また，分散に対しては
$$\begin{aligned}V(cX + d) &= E[\{cX + d - E(cX + d)\}^2] \\ &= E[\{cX + d - (c\,E(X) + d)\}^2] = E[\,c^2\{X - E(X)\}^2\,] \\ &= c^2 E[\{X - E(X)\}^2] = c^2\,V(X). \qquad \square\end{aligned}$$

分散の定義から
$$\begin{aligned}V(X) &= E[\{X - E(X)\}^2] \\ &= E[\,X^2 - 2E(X)X + \{E(X)\}^2\,] \\ &= E(X^2) - 2\{E(X)\}^2 + \{E(X)\}^2 \\ &= E(X^2) - \{E(X)\}^2\end{aligned}$$
であるから，次の**分散公式**が成り立つ：
$$V(X) = E(X^2) - \{E(X)\}^2$$

分散 $V(X)$ の正の平方根 $\sigma = \sqrt{V(X)}$ を X の**標準偏差**という．

例 3.6

例 3.1 の百円硬貨の例では，
$$p_1 = P(X=0) = \frac{1}{2}, \qquad p_2 = P(X=100) = \frac{1}{2}$$
より，平均 $E(X)$ および分散 $V(X)$ は
$$E(X) = 0 \times P(X=0) + 100 \times P(X=100) = 50,$$
$$V(X) = (0-50)^2 \times \frac{1}{2} + (100-50)^2 \times \frac{1}{2} = 2500$$
であり，したがって標準偏差は $\sqrt{2500} = 50$ となる．ゆえに，$\mu = 50$, $\sigma^2 = 2500$, $\sigma = 50$. ◇

例 3.7

例 3.3 の地球儀の例では，平均 $E(X)$ および分散 $V(X)$ は
$$E(X) = \int_{-180}^{180} x \times \frac{1}{360}\, dx = \frac{1}{360}\left[\frac{x^2}{2}\right]_{-180}^{180} = 0,$$
$$V(X) = \int_{-180}^{180} x^2 \times \frac{1}{360}\, dx = \frac{1}{360}\left[\frac{x^3}{3}\right]_{-180}^{180} = 10800$$
となり，これより標準偏差は $\sqrt{10800} = 60\sqrt{3} \fallingdotseq 104$ となる．ゆえに，$\mu = 0$, $\sigma^2 = 10800$, $\sigma = 104$. ◇

（中心まわりの）**h 次のモーメント**を
$$E\{(X-\mu)^h\} = \begin{cases} \displaystyle\sum_{i=1}^{n}(x_i - \mu)^h p(x_i) & \text{（離散分布の場合）} \\ \displaystyle\int_{-\infty}^{\infty}(x-\mu)^h f(x)\,dx & \text{（連続分布の場合）} \end{cases}$$
で定義する．これを記号 m_h で表す．分散は中心まわりの 2 次のモーメント $\sigma^2 = m_2$ である．

問 3.2 サイコロを投げるとき，出る目の平均，分散，標準偏差を求めよ．

問 3.3 例 3.6 において，100 円硬貨の代わりに 10 円硬貨を用いたとき，平均と分散を求めよ．また，500 円硬貨の場合も平均と分散を求めよ．

3.3 確率分布モデル

ここでは，具体的な現象でよく現われる確率分布をとり上げる．離散分布に対しては確率関数で，連続分布に対しては密度関数で与え，その平均や分散を求める．

[A] 離散分布

A 1 二項分布 $Bin(n, p)$

$$E(X) = np, \quad V(X) = np(1-p)$$

確率変数 X が $\{0, 1, 2, \cdots, n\}$ の値をとり，確率関数が

$$p_k = P(X = k) = {}_n C_k \, p^k (1-p)^{n-k} \quad (k = 0, 1, 2, \cdots, n)$$

であるとき，X は**二項分布**(binomial distribution)に従うという．ただし，p は定数で $0 < p < 1$ である．二項分布を記号 $Bin(n, p)$ で表す．ここで，${}_n C_k$ は n 個の中から k 個を選ぶときの組合せの数

$${}_n C_k = \frac{n!}{k!(n-k)!} = \frac{n(n-1)\cdots(n-k+1)}{k(k-1)\cdots 2\cdot 1}$$

である．ただし，n の階乗 $n!$ は

$$n! = n(n-1)(n-2)\cdots 3\cdot 2\cdot 1, \quad 0! = 1.$$

次の定理は二項定理とよばれ，よく知られている．

> **二項定理** 自然数 n に対して，次の展開式が成り立つ：
> $$(a + b)^n = \sum_{k=0}^{n} {}_n C_k \, a^k b^{n-k}.$$

二項定理において，$a = p$，$b = 1 - p$ とすることにより，

$$\sum_{k=0}^{n} p_k = \sum_{k=0}^{n} {}_n C_k \, p^k (1-p)^{n-k} = \{p + (1-p)\}^n = 1$$

であるので $F(\infty) = \sum_{k=0}^{n} p_k = 1$ が成り立つ．

二項分布の確率関数のグラフは次のページの図 3.1 のようになる．

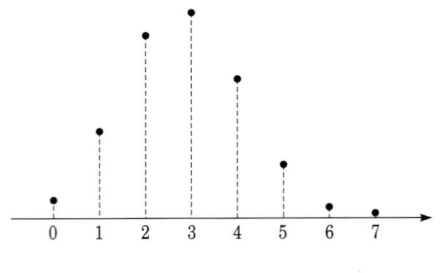

図3.1　二項分布

例 3.8

二項分布 $Bin(n,p)$ に従う確率変数 X の平均は $E(X) = np$, 分散は $V(X) = np(1-p)$ であることを示せ.

【解】 二項分布に従う確率変数 X の平均は,

$$E(X) = \sum_{k=0}^{n} k \frac{n!}{k!\,(n-k)!} p^k (1-p)^{n-k}$$

$$= np \sum_{k=1}^{n} \frac{(n-1)!}{(k-1)!\,\{(n-1)-(k-1)\}!} p^{k-1}(1-p)^{(n-1)-(k-1)}$$

ここで, $k-1 = h$ と置き換えると

$$= np \sum_{h=0}^{n-1} {}_{n-1}C_h\, p^h (1-p)^{n-1-h} = np\{p+(1-p)\}^{n-1} = np$$

となる. また, $E\{X(X-1)\}$ は

$$E\{X(X-1)\}$$

$$= \sum_{k=0}^{n} k(k-1) \frac{n!}{k!\,(n-k)!} p^k (1-p)^{n-k}$$

$$= n(n-1)p^2 \sum_{k=2}^{n} \frac{(n-2)!}{(k-2)!\,\{(n-2)-(k-2)\}!} p^{k-2} (1-p)^{(n-2)-(k-2)}$$

ここで, $k-2 = h$ と置き換えると

$$= n(n-1)p^2 \sum_{h=0}^{n-2} {}_{n-2}C_h\, p^h (1-p)^{n-2-h}$$

$$= n(n-1)p^2 \{p+(1-p)\}^{n-2} = n(n-1)p^2.$$

$$\therefore\quad E(X^2) = E\{X(X-1)\} + E(X) = n^2 p^2 + np(1-p).$$

したがって, 分散公式から,

$$V(X) = E(X^2) - \{E(X)\}^2 = np(1-p). \qquad \diamondsuit$$

例 3.9

10枚のコインを1度に投げるとき，表が出る枚数を X とする．
(1) $X = 3$ となる確率を求めよ．
(2) X の平均 $E(X)$ と分散 $V(X)$ を求めよ．

【解】 確率変数 X は二項分布 $Bin(10, 0.5)$ に従う．

(1) $P(X = 3) = {}_{10}C_3 (0.5)^3 (0.5)^7 = \dfrac{10 \cdot 9 \cdot 8}{3 \cdot 2 \cdot 1}(0.5)^{10} = \dfrac{15}{128}$．

(2) $E(X) = 10 \times 0.5 = 5$，　　$V(X) = 10 \times 0.5 \times 0.5 = 2.5$．　　◇

例 3.10

確率変数 X が 0 あるいは 1 をとり，
$$p_0 = P(X=0) = 1-p, \qquad p_1 = P(X=1) = p$$
のとき，この確率変数は**ベルヌーイ分布**に従うといい，この分布を $Ber(p)$ と表す．この分布に従う確率変数 X の平均 $E(X)$ と分散 $V(X)$ を求めよ．

【解】 平均は　$E(X) = 0 \times (1-p) + 1 \times p = p$．

さらに，$0^2 = 0$，$1^2 = 1$ であるから，この場合は $X^2 = X$ であるので，$E(X^2) = E(X) = p$．したがって，分散公式により，
$$V(X) = E(X^2) - \{E(X)\}^2 = p - p^2 = p(1-p).$$
◇

ベルヌーイ分布は二項分布で $n = 1$ とした $Bin(1, p)$ と同じである．また，コインを投げる試行のように，例 3.10 の確率変数が現われる実験を**ベルヌーイ試行**（Bernoulli trial）という．

A 2　ポアソン分布　$Po(\lambda)$

$$E(X) = \lambda, \quad V(X) = \lambda$$

確率変数 X が $\{0, 1, 2, \cdots\}$ の値をとり，確率関数が
$$p_k = P(X = k) = e^{-\lambda} \dfrac{\lambda^k}{k!} \qquad (k = 0, 1, 2, \cdots)$$
であるとき，X は母数 λ の**ポアソン分布**（Poisson distribution）に従うとい

い，記号 $Po(\lambda)$ で表す．ここで，λ は正の定数であり，e は自然対数の底で，$e = 2.71828\cdots$ である．次の定理はよく知られている．

定理 指数関数のべき級数展開
$$e^x = 1 + \frac{x}{1!} + \frac{x^2}{2!} + \frac{x^3}{3!} + \cdots = \sum_{k=0}^{\infty} \frac{x^k}{k!}$$

この定理において $x = \lambda$ とおけば，
$$\sum_{k=0}^{\infty} p_k = \sum_{k=0}^{\infty} e^{-\lambda} \frac{\lambda^k}{k!} = e^{-\lambda} \sum_{k=0}^{\infty} \frac{\lambda^k}{k!} = e^{-\lambda} e^{\lambda} = 1$$
である．すなわち，$F(+\infty) = 1$ が成立する．この確率関数のグラフは図3.2のようになる．

例 3.11

ポアソン分布 $Po(\lambda)$ に従う確率変数 X の平均 $E(X)$ と分散 $V(X)$ は共に λ となることを示せ．

【解】
$$E(X) = \sum_{k=0}^{\infty} k\, e^{-\lambda} \frac{\lambda^k}{k!} = e^{-\lambda} \sum_{k=1}^{\infty} \frac{\lambda^{(k-1)+1}}{(k-1)!}$$

ここで，$k - 1 = h$ と置き換えると
$$= \lambda\, e^{-\lambda} \sum_{h=0}^{\infty} \frac{\lambda^h}{h!} = \lambda$$

となる．また，
$$E\{X(X-1)\} = \sum_{k=0}^{\infty} k(k-1)\, e^{-\lambda} \frac{\lambda^k}{k!} = e^{-\lambda} \sum_{k=2}^{\infty} \frac{\lambda^{(k-2)+2}}{(k-2)!}$$

ここで，$k - 2 = h$ と置き換えると
$$= \lambda^2\, e^{-\lambda} \sum_{h=0}^{\infty} \frac{\lambda^h}{h!} = \lambda^2$$

となる．したがって，
$$E(X^2) = E\{X(X-1)\} + E(X) = \lambda^2 + \lambda$$

であるから，分散公式によって，
$$V(X) = E(X^2) - \{E(X)\}^2 = \lambda^2 + \lambda - \lambda^2 = \lambda. \qquad \diamondsuit$$

例 3.12

1日に到着する電子メールの数 X が平均 1.51 のポアソン分布に従うとする．明日電子メールが1通も到着しない確率，および明日到着する電子メールの数が3通以下である確率を求めよ．

【解】 X はポアソン分布 $Po(1.51)$ に従うので，明日電子メールが1通も到着しない確率は $p_0 = P(X=0) = e^{-1.51} \fallingdotseq 0.2209$．

明日到着する電子メールの数が3通以下である確率は
$$P(X \leq 3) = p_0 + p_1 + p_2 + p_3$$
$$= e^{-1.51} + 1.51\, e^{-1.51} + \frac{(1.51)^2}{2!} e^{-1.51} + \frac{(1.51)^3}{3!} e^{-1.51} \fallingdotseq 0.9331. \quad \diamondsuit$$

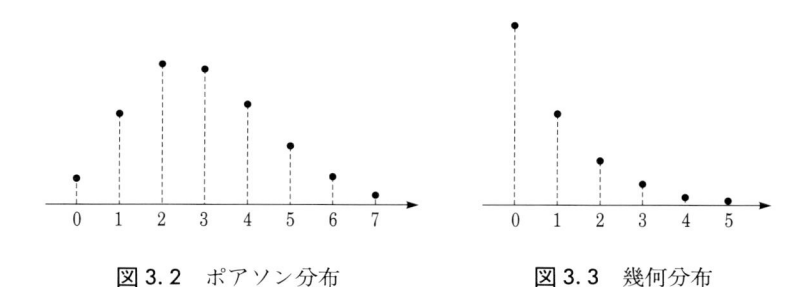

図 3.2 ポアソン分布 図 3.3 幾何分布

A3 幾何分布 $Geo(p)$

$$E(X) = \frac{1}{p}, \quad V(X) = \frac{1-p}{p^2}$$

確率変数 X が $\{1, 2, 3, \cdots\}$ の値をとり，その確率関数が
$$p_k = P(X=k) = p(1-p)^{k-1} \quad (k = 1, 2, 3, \cdots)$$
であるとき，X は母数 p の**幾何分布**（geometric distribution）に従うといい，この分布を記号 $Geo(p)$ で表す．ここで p は定数で $0 < p < 1$ である．成功する確率が p，失敗する確率が $1-p$ である独立なベルヌーイ試行 $Ber(p)$ を続けるとき，初めて成功するまでに行った試行の回数 X が幾何分布 $Geo(p)$ に従う．次の定理が知られている．

> **定理** 等比数列の和の公式
> $$1 + r + r^2 + \cdots = \sum_{n=0}^{\infty} r^n = \frac{1}{1-r} \qquad (|r|<1)$$

この定理により $\displaystyle\sum_{k=1}^{\infty} p_k = p \sum_{k=1}^{\infty}(1-p)^{k-1} = \frac{p}{1-(1-p)} = 1$.

幾何分布の確率関数のグラフは図 3.3 のようになる.

例 3.13

幾何分布 $Geo(p)$ に従う確率変数 X の平均は $E(X) = \dfrac{1}{p}$, 分散は $V(X) = \dfrac{1-p}{p^2}$ であることを示せ.

【解】 平均 $\mu = E(X)$ とおくと, $\mu, (1-p)\mu$ は
$$\begin{cases} \mu = 1p + 2p(1-p) + 3p(1-p)^2 + 4p(1-p)^3 + \cdots \\ (1-p)\mu = \phantom{p+{}}p(1-p) + 2p(1-p)^2 + 3p(1-p)^3 + \cdots \end{cases}$$
となる. この 2 式の辺々を引き算すると,
$$p\mu = p + p(1-p) + p(1-p)^2 + p(1-p)^3 + \cdots = \frac{p}{1-(1-p)} = 1.$$
これより平均は $\mu = E(X) = 1/p$ となる.

同様に, $\nu = E\{X(X-1)\}$ とおくと, $\nu, (1-p)\nu$ は
$$\begin{cases} \nu = 2 \cdot 1 p(1-p) + 3 \cdot 2 p(1-p)^2 + 4 \cdot 3 p(1-p)^3 + \cdots \\ (1-p)\nu = \phantom{2 \cdot 1 p(1-p) + {}} 2 \cdot 1 p(1-p)^2 + 3 \cdot 2 p(1-p)^3 + \cdots \end{cases}$$
となる. この 2 式の辺々を引き算すると,
$$p\nu = 2p(1-p) + 4p(1-p)^2 + 6p(1-p)^3 + \cdots$$
$$= 2(1-p)\{p + 2p(1-p) + 3p(1-p)^2 + \cdots\} = 2(1-p)\mu = \frac{2(1-p)}{p}.$$
これより $E\{X(X-1)\} = \dfrac{2(1-p)}{p^2}$ となり, したがって
$$V(X) = E(X^2) - \{E(X)\}^2 = E\{X(X-1)\} + E(X) - \{E(X)\}^2$$
$$= \frac{2(1-p)}{p^2} + \frac{1}{p} - \frac{1}{p^2} = \frac{1-p}{p^2}. \qquad \diamondsuit$$

例 3.14

あるクラスには N_1 人の男子学生と N_2 人の女子学生，合わせて N 人の学生がいる（$N = N_1 + N_2$）．この N 人の中から n 人の代表を無作為に選ぶとき，選ばれた代表の中に含まれる男子学生の人数 X は確率変数である．$X = k$ である確率を求めよ．

【解】 このとき，$k \leq N_1, n$ である．N 人から n 人を選ぶとき，男女の区別をしないで選ぶときの場合の数は ${}_N C_n$ である．一方，男女を区別するとき，N_1 人の男子学生の中から k 人が選ばれる場合の数は ${}_{N_1} C_k$ であり，N_2 人の女子学生の中から $n - k$ 人が選ばれる場合の数は ${}_{N_2} C_{n-k}$ である．ゆえに，求める確率は

$$p_k = P(X = k) = \frac{{}_{N_1} C_k \cdot {}_{N_2} C_{n-k}}{{}_N C_n} \qquad (N_1, n \geq k)$$

である．この分布を**超幾何分布**といい，記号 $HGeo(N; n, p)$ で表す．ただし，$p = \frac{N_1}{N}$ である． ◇

[B] 連続分布

B 1 一様分布　$U(a, b)$

$$E(X) = \frac{a+b}{2}, \quad V(X) = \frac{(b-a)^2}{12}$$

確率変数 X の密度関数 $f(x)$ が一定のとき，すなわち，

$$f(x) = \begin{cases} \dfrac{1}{b-a} & (a \leq x \leq b) \\ 0 & (その他) \end{cases}$$

であるとき，X は区間 $[a, b]$ 上の**一様分布**（uniform distribution）に従うといい，この分布を記号 $U(a, b)$ で表す．ここで，a, b は定数で $a < b$ である．この確率変数の分布関数 $F(x)$ は次のようになる：

$$F(x) = \begin{cases} 0 & (x < a) \\ \dfrac{x-a}{b-a} & (a \leq x \leq b) \\ 1 & (b < x). \end{cases}$$

一様分布の密度関数および分布関数はそれぞれ図 3.4, 図 3.5 のようになる.

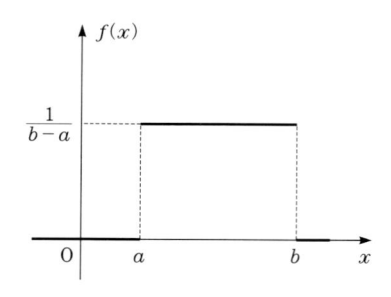

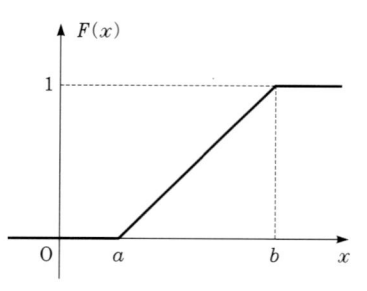

図 3.4　密度関数

図 3.5　分布関数

例 3.15

区間 $[a,b]$ 上の一様分布 $U(a,b)$ に従う確率変数 X の平均 $E(X)$ と分散 $V(X)$ を求めよ.

【解】 X の平均 $E(X)$ および X^2 の平均 $E(X^2)$ は

$$E(X) = \int_a^b x \frac{1}{b-a}\,dx = \frac{1}{b-a}\left[\frac{x^2}{2}\right]_a^b = \frac{a+b}{2},$$

$$E(X^2) = \int_a^b x^2 \frac{1}{b-a}\,dx = \frac{1}{b-a}\left[\frac{x^3}{3}\right]_a^b = \frac{b^2+ab+a^2}{3}$$

であるから, 分散公式より,

$$V(X) = E(X^2) - \{E(X)\}^2 = \frac{(b-a)^2}{12}$$

となる. ◇

B 2　指数分布　$Ex(\lambda)$

$$E(X) = \frac{1}{\lambda},\quad V(X) = \frac{1}{\lambda^2}$$

確率変数 X の密度関数が

$$f(x) = \begin{cases} \lambda e^{-\lambda x} & (x \geq 0) \\ 0 & (x < 0) \end{cases}$$

であるとき，X は母数 λ の**指数分布**(exponential distribution)に従うという．ここで，λ は正の定数である．この分布を記号 $Ex(\lambda)$ で表す．このとき，X は非負値確率変数であり，分布関数 $F(x)$ は $x > 0$ に対して

$$F(x) = \int_0^x \lambda\, e^{-\lambda y}\, dy = \Big[-e^{-\lambda y} \Big]_0^x = 1 - e^{-\lambda x}$$

である．指数分布の密度関数および分布関数はそれぞれ図 3.6，図 3.7 のようになる．図 3.7 において x が十分大きくなるにつれて，分布関数 $F(x)$ の値は 1 に限りなく近づいていく： $F(+\infty) = 1$．

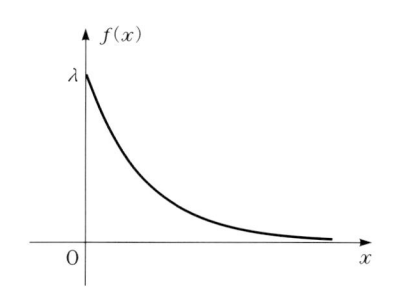

図 3.6　密度関数　　　　　図 3.7　分布関数

例 3.16

確率変数 X が指数分布 $Ex(\lambda)$ に従うとき，平均 $E(X)$ と分散 $V(X)$ を求めよ．

【解】 X の平均 $E(X)$ は，部分積分により，

$$E(X) = \int_0^\infty x\lambda\, e^{-\lambda x}\, dx = \Big[-x\, e^{-\lambda x} \Big]_0^\infty + \frac{1}{\lambda} \int_0^\infty \lambda\, e^{-\lambda x}\, dx = \frac{1}{\lambda}.$$

同様に X^2 の平均 $E(X^2)$ は

$$E(X^2) = \int_0^\infty x^2 \lambda\, e^{-\lambda x}\, dx = \Big[-x^2 e^{-\lambda x} \Big]_0^\infty + \frac{2}{\lambda} \int_0^\infty x\lambda\, e^{-\lambda x}\, dx = \frac{2}{\lambda^2}.$$

ゆえに，分散公式により，

$$V(X) = E(X^2) - \{E(X)\}^2 = \frac{1}{\lambda^2}$$

となる． ◇

例 3.17

ある店に来る客の到着時間間隔（単位：分）は，指数分布 $Ex(0.5)$ に従うとする．このとき，ある客が到着してから次の客が到着するまでの時間が，3 分を超える確率を求めよ．

【解】 客の到着時間間隔を X とすると
$$P(X > 3) = 1 - P(X \leq 3) = 1 - (1 - e^{-0.5 \times 3}) = e^{-1.5} \fallingdotseq 0.2231.\quad \diamondsuit$$

B 3　正規分布　$N(\mu, \sigma^2)$

$$E(X) = \mu, \quad V(X) = \sigma^2$$

確率変数 X が密度関数
$$f(x) = \frac{1}{\sqrt{2\pi}\,\sigma} \exp\left\{-\frac{(x-\mu)^2}{2\sigma^2}\right\}$$
をもつとき，**正規分布**（normal distribution）に従うといい，記号 $N(\mu, \sigma^2)$ で表す．ここで，指数関数を $e^{g(x)}$ あるいは $\exp\{g(x)\}$ と表す．

とくに，$\mu = 0$，$\sigma = 1$ である正規分布 $N(0, 1)$ を**標準正規分布**といい，標準正規分布の密度関数を $\varphi(z)$ とおく：
$$\varphi(z) = \frac{1}{\sqrt{2\pi}} \exp\left(-\frac{z^2}{2}\right).$$

このとき，密度関数の性質：$\varphi(z) > 0$ であり，
$$\int_{-\infty}^{\infty} \varphi(z)\, dz = \int_{-\infty}^{\infty} \frac{1}{\sqrt{2\pi}}\, e^{-\frac{z^2}{2}}\, dz = 1$$
が成り立っている．$\varphi(z)$ の 2 回までの導関数は
$$\varphi'(z) = -z\,\varphi(z), \quad \varphi''(z) = (z^2 - 1)\,\varphi(z)$$
であるから，$\varphi(z)$ の増減表は右のようになる．

z	$\cdots$	-1	$\cdots$	0	$\cdots$	1	$\cdots$
$\varphi'(z)$		+		0		−	
$\varphi''(z)$	+	0	−		−	0	+
$\varphi(z)$	↗	変曲点	↗	最大点	↘	変曲点	↘

ゆえに，そのグラフは図 3.8 のようになる．標準正規分布の分布関数を
$$\Phi(z) = \int_{-\infty}^{z} \varphi(x)\, dx$$
で表すと，そのグラフは図 3.9 のようになる．密度関数 $\varphi(z)$ は y 軸に関して対称で釣り鐘型をしており，分布関数 $\Phi(z)$ は S 字型をしている．

標準正規分布 $N(0,1)$ に従う確率変数を Z で表す．Z の平均 $E(Z)$，および Z^2 の平均 $E(Z^2)$ は $\varphi'(z) = -z\varphi(z)$ と部分積分により，
$$E(Z) = \int_{-\infty}^{\infty} z\,\varphi(z)\, dz = \Big[-\varphi(z)\Big]_{-\infty}^{\infty} = 0,$$
$$E(Z^2) = \int_{-\infty}^{\infty} z^2\,\varphi(z)\, dz = \Big[-z\,\varphi(z)\Big]_{-\infty}^{\infty} + \int_{-\infty}^{\infty} \varphi(z)\, dz = 1$$
となる．したがって，Z の平均は $E(Z) = 0$，分散は $V(Z) = 1$ である．

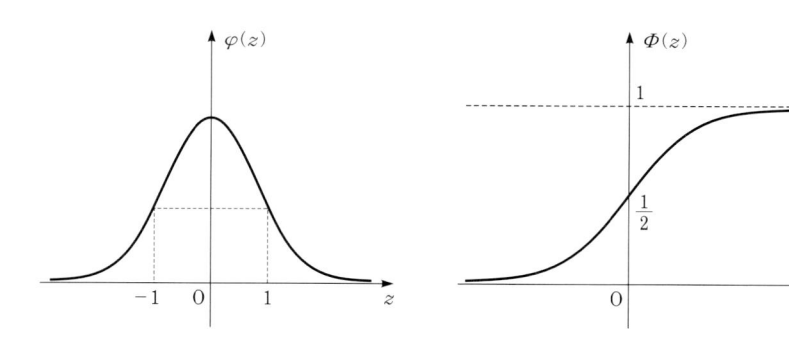

図 3.8　密度関数　　　　　図 3.9　分布関数

一般の正規分布 $N(\mu, \sigma^2)$ の密度関数は標準正規分布の密度関数を用いて
$$f(x) = \frac{1}{\sigma}\,\varphi\!\left(\frac{x-\mu}{\sigma}\right)$$
と表せるから，標準正規分布の密度関数 $\varphi(z)$ を線形変換したものである．また，その分布関数 $F(x)$ は変数変換 $z = (y-\mu)/\sigma$ により，
$$F(x) = \int_{-\infty}^{x} \frac{1}{\sigma}\,\varphi\!\left(\frac{y-\mu}{\sigma}\right) dy = \int_{-\infty}^{\frac{x-\mu}{\sigma}} \varphi(z)\, dz = \Phi\!\left(\frac{x-\mu}{\sigma}\right)$$
となり，標準正規分布の分布関数 $\Phi(z)$ を線形変換したものであることがわかる．したがって，

> X が正規分布 $N(\mu, \sigma^2)$ に従う
>
> $\Updownarrow$
>
> $Z = \dfrac{X - \mu}{\sigma},$ すなわち, $X = \mu + \sigma Z$
>
> $\Updownarrow$
>
> Z は標準正規分布 $N(0, 1)$ に従う

このように,確率変数 X からその平均 μ を引きその標準偏差 σ で割るという変換のことを **z-変換** という.以上の関係と図 3.8,図 3.9 から,正規分布 $N(\mu, \sigma^2)$ に従う確率変数 X の密度関数 $f(x)$ と分布関数 $F(x)$ のグラフはそれぞれ図 3.10,図 3.11 のようになる.

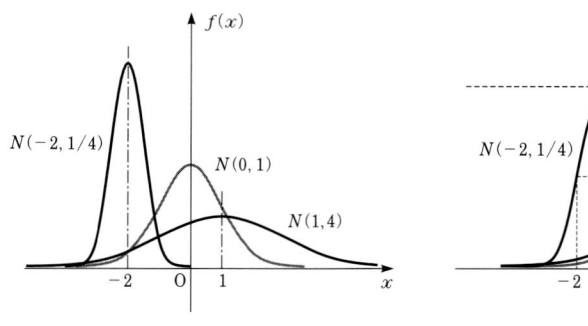

図 3.10 密度関数   図 3.11 分布関数

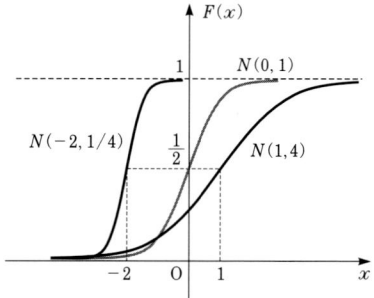

例 3.18

確率変数 X が正規分布 $N(\mu, \sigma^2)$ に従うとき,X の平均は $E(X) = \mu$ であり,分散は $V(X) = \sigma^2$ であることを示せ.

【解】 X が正規分布 $N(\mu, \sigma^2)$ に従うとき,標準正規分布 $N(0, 1)$ に従う確率変数 Z によって,$X = \mu + \sigma Z$ と表されるから,

$$E(X) = E(\mu + \sigma Z) = \mu + \sigma\, E(Z) = \mu,$$
$$V(X) = E\{(X - \mu)^2\} = E\{(\sigma Z)^2\} = \sigma^2 E(Z^2) = \sigma^2$$

となる. ◇

3.3 確率分布モデル

Z を標準正規分布 $N(0,1)$ に従う確率変数とし, $z \geq 0$ に対して
$$I(z) = P(0 \leq Z \leq z) = \Phi(z) - 0.5$$
の値を表として与えたものが付表1：標準正規分布表である．

標準正規分布の**上側確率**を $P(Z > z) = 1 - \Phi(z)$ により定義し, 上側確率が α となるような z の値を $z(\alpha)$ で表し, これを標準正規分布の**上側 α 点**という：
$$P\{Z > z(\alpha)\} = 1 - \Phi(z(\alpha)) = \alpha.$$
密度関数 $\varphi(z)$ が y 軸に関して対称であることから, 次が成り立つ：
$$P(-z \leq Z \leq 0) = P(0 \leq Z \leq z) = I(z), \qquad \Phi(-z) = 1 - \Phi(z).$$

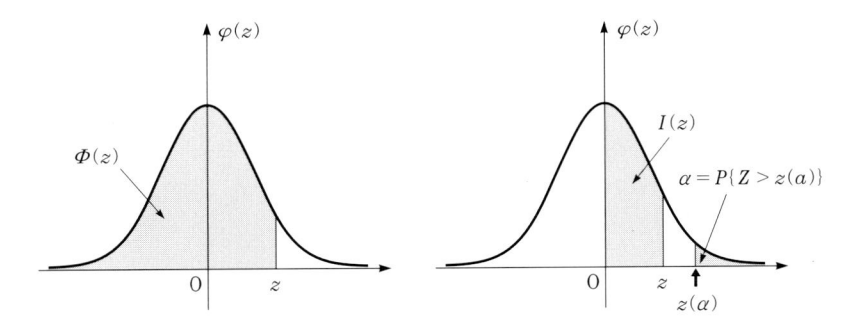

図 3.12　分布関数 $\Phi(z)$　　　図 3.13　正規分布の確率

例 3.19

標準正規分布表を用いて, 次の値を求めよ.
$$\Phi(1),\quad \Phi(2),\quad \Phi(3),\quad \Phi(-1),\quad \Phi(-2),\quad \Phi(-3).$$

【解】 付表1より,
$$\Phi(1) = 0.5 + I(1) = 0.5 + 0.3413 = 0.8413.$$
同様にして, $\Phi(2) = 0.5 + 0.4772 = 0.9772,\quad \Phi(3) = 0.5 + 0.4987 = 0.9987$.
また,
$$\Phi(-1) = 1 - \Phi(1) = 1 - 0.8413 = 0.1587.$$
同様にして, $\Phi(-2) = 1 - 0.9772 = 0.0228,\quad \Phi(-3) = 1 - 0.9987 = 0.0013$
となる． ◇

例 3.20

標準正規分布表を用いて次の値となるような z_i の値を求めよ．

(1) $z_1 = z(0.1)$,　$z_2 = z(0.05)$,　$z_3 = z(0.01)$

(2) $\Phi(z_4) = 0.1$,　$\Phi(z_5) = 0.05$,　$\Phi(z_6) = 0.01$

【解】 (1) $1 - \Phi(z_1) = 0.1$ であるから，$I(z_1) = \Phi(z_1) - 0.5 = 0.4$ となる z_1 を求めればよい．標準正規分布表より，$z_1 = z(0.1) = 1.282$．

同様にして $z_2 = 1.645$, $z_3 = 2.325$．

(2) $\Phi(z_4) = 1 - \Phi(-z_4) = 0.1$ であるから，$\Phi(-z_4) = P(Z \leq -z_4) = 0.9$．したがって，(1) の結果から $-z_4 = z_1 = 1.282$ であり，$z_4 = -1.282$ である．

同様にして $z_5 = -1.645$, $z_6 = -2.325$． ◇

▶注 (1) の $I(z_1) = 0.4$ から z_1 の値を求めるとき，標準正規分布表には 0.4 がなく，z の値が 1.28 と 1.29 の間にある．このような場合には，2 つの値の中間の値を選ぶ．

例 3.21　ガンマ分布 $Ga(\alpha, \beta)$

確率変数 X が次の密度関数をもつとき，**ガンマ分布 $Ga(\alpha, \beta)$** に従うという：

$$f(x) = \begin{cases} \dfrac{1}{\Gamma(\alpha)\beta^\alpha} x^{\alpha-1} e^{-\frac{x}{\beta}} & (x \geq 0) \\ 0 & (x < 0) \end{cases}$$

ここで，α, β は正の定数であり，$\Gamma(s)$ は**ガンマ関数**

$$\Gamma(s) = \int_0^\infty x^{s-1} e^{-x}\, dx \qquad (s > 0)$$

である．この関数は次のような性質をもっている：

$$\Gamma(1) = 1, \quad \Gamma(1/2) = \sqrt{\pi},$$
$$\Gamma(s) = (s-1)\Gamma(s-1) \quad (s > 1).$$

したがって，正整数 n に対して $\Gamma(n) = (n-1)!$ である．

ガンマ分布 $Ga(\alpha, \beta)$ に従う確率変数 X の平均と分散を求めよ．

【解】 密度関数の性質より

$$\int_0^\infty f(x)\, dx = 1 \qquad \therefore \int_0^\infty x^{\alpha-1} e^{-\frac{x}{\beta}}\, dx = \Gamma(\alpha)\beta^\alpha.$$

これを用いると平均は
$$E(X) = \int_0^\infty x \frac{1}{\Gamma(\alpha)\beta^\alpha} x^{\alpha-1} e^{-\frac{x}{\beta}} dx = \frac{1}{\Gamma(\alpha)\beta^\alpha} \int_0^\infty x^{(\alpha+1)-1} e^{-\frac{x}{\beta}} dx$$
$$= \frac{\Gamma(\alpha+1)\beta^{\alpha+1}}{\Gamma(\alpha)\beta^\alpha} = \alpha\beta.$$
同様にして，
$$E(X^2) = \frac{1}{\Gamma(\alpha)\beta^\alpha} \int_0^\infty x^2 x^{\alpha-1} e^{-\frac{x}{\beta}} dx = \frac{1}{\Gamma(\alpha)\beta^\alpha} \int_0^\infty x^{(\alpha+2)-1} e^{-\frac{x}{\beta}} dx$$
$$= \frac{\Gamma(\alpha+2)\beta^{\alpha+2}}{\Gamma(\alpha)\beta^\alpha} = (\alpha+1)\alpha\beta^2.$$
したがって，分散は
$$V(X) = E(X^2) - \{E(X)\}^2 = (\alpha+1)\alpha\beta^2 - (\alpha\beta)^2 = \alpha\beta^2$$
となる． $\diamondsuit$

問 3.4 サイコロを初めて 1 の目が出るまで投げ続けるとき，投げる回数を X とする．確率変数 X はどのような分布に従うか．また，X の平均，分散，標準偏差を求めよ．

問 3.5 確率変数 X が 1 から n までの整数値を同一の確率 $1/n$ でとるような分布を**離散一様分布**という：
$$P(X=k) = \frac{1}{n} \qquad (k=1,2,\cdots,n).$$
この確率変数 X の平均 $E(X)$ と分散 $V(X)$ を求めよ．

問 3.6 確率変数 X が超幾何分布 $HGeo(N;n,p)$ に従うとき，X の平均と分散はそれぞれ
$$E(X) = np, \qquad V(X) = \frac{N-n}{N-1} np(1-p)$$
であることを示せ．

問 3.7 一様分布 $U(3,8)$ の平均，分散を求めよ．

問 3.8 ある店に来る客の到着時間間隔（単位：分）は，平均 3 の指数分布に従うものとする．このとき，ある客が到着してから，5 分以内に次の客が到着する確率を求めよ．

3.4 積率母関数

確率変数 X に対して

$$M(t) = E(e^{tX}) = \begin{cases} \sum_{i=1}^{n} e^{tx_i} p(x_i) & (\text{離散分布の場合}) \\ \int_{-\infty}^{\infty} e^{tx} f(x)\, dx & (\text{連続分布の場合}) \end{cases}$$

を X の**積率母関数**（moment generating function）という．t に関して微分することにより，

$$M'(t) = \frac{dM(t)}{dt} = E(X e^{tX}), \qquad M'(0) = E(X),$$

$$M''(t) = \frac{d^2 M(t)}{dt^2} = E(X^2 e^{tX}), \qquad M''(0) = E(X^2),$$

$$M^{(k)}(t) = \frac{d^k M(t)}{dt^k} = E(X^k e^{tX}), \qquad M^{(k)}(0) = E(X^k)$$

が得られる．すなわち，積率母関数がわかれば，次々と X^k の平均 $E(X^k)$ が求まる．とくに，平均と分散は次のようになる：

$$E(X) = M'(0), \qquad V(X) = M''(0) - \{M'(0)\}^2.$$

例 3.22

二項分布 $Bin(n, p)$ に従う確率変数 X の積率母関数を求め，その平均と分散を積率母関数を用いて求めよ．

【解】 積率母関数は

$$M(t) = E(e^{tX}) = \sum_{k=0}^{n} e^{tk} {}_n C_k\, p^k (1-p)^{n-k}$$

$$= \sum_{k=0}^{n} {}_n C_k (p e^t)^k (1-p)^{n-k} = \{p e^t + (1-p)\}^n$$

となる．したがって

$$M'(t) = n\{p e^t + (1-p)\}^{n-1} p e^t,$$

$$M''(t) = n(n-1)\{p e^t + (1-p)\}^{n-2} p^2 e^{2t} + n\{p e^t + (1-p)\}^{n-1} p e^t$$

であるから，$M'(0) = np$, $M''(0) = n(n-1)p^2 + np$．ゆえに，平均と分散は

$$E(X) = M'(0) = np, \qquad V(X) = M''(0) - \{M'(0)\}^2 = np(1-p). \quad \diamond$$

例 3.23

正規分布 $N(\mu, \sigma^2)$ に従う確率変数 X の積率母関数を求め，その平均と分散を積率母関数を用いて求めよ．

【解】 積率母関数は

$$M(t) = \int_{-\infty}^{\infty} e^{tx} \frac{1}{\sqrt{2\pi}\,\sigma} \exp\left\{-\frac{(x-\mu)^2}{2\sigma^2}\right\} dx$$

$$= e^{t\mu + \frac{t^2\sigma^2}{2}} \int_{-\infty}^{\infty} \frac{1}{\sqrt{2\pi}\,\sigma} \exp\left\{-\frac{\{x-(\mu+t\sigma^2)\}^2}{2\sigma^2}\right\} dx = e^{t\mu + \frac{t^2\sigma^2}{2}}$$

（上の積分の項は $N(\mu + t\sigma^2, \sigma^2)$ の密度関数の積分であり，その値は 1）．よって

$$M'(t) = (\mu + t\sigma^2) e^{t\mu + \frac{t^2\sigma^2}{2}}, \qquad M''(t) = (\mu + t\sigma^2)^2 e^{t\mu + \frac{t^2\sigma^2}{2}} + \sigma^2 e^{t\mu + \frac{t^2\sigma^2}{2}}$$

より，$M'(0) = \mu$，$M''(0) = \mu^2 + \sigma^2$．ゆえに，平均と分散は

$$E(X) = M'(0) = \mu, \qquad V(X) = M''(0) - \{M'(0)\}^2 = \sigma^2. \qquad \diamondsuit$$

問 3.9 幾何分布 $Geo(p)$ に従う確率変数 X の積率母関数を求め，これから X の平均と分散を求めよ．

問 3.10 指数分布 $Ex(\lambda)$ に従う確率変数 X の積率母関数を求め，これから X^n（$n = 1, 2, 3, 4$）の平均を求めよ．

演習問題 3

3.1 X を確率変数とする．$h = 2, 3, \cdots$ に対して X^h の平均 $E(X^h)$ を m'_h と表し，これを X の**原点まわりの h 次のモーメント**という．

（1） m'_2 を X の平均 μ と分散 σ^2 を用いて表せ．

（2） m'_3 を X の平均 μ，分散 σ^2 と 3 次のモーメント m_3 を用いて表せ．

3.2 生涯打率 3 割の打者が 8 回打席に立つとして次の確率を求めよ．

（1） 4 本以上ヒットを打つ．　　　（2） 全くヒットを打たない．

3.3 X を一様分布 $U(0, 1)$ に従う確率変数とする．

（1） $Y = -\log X$ とおくとき，Y の分布関数と密度関数を求めよ．

（2） $Y = e^X$ とおくとき，Y の密度関数と平均 $E(Y)$ を求めよ．

3.4 確率変数 X の平均値を μ, 分散を σ^2 とするとき, 次の値を μ と σ^2 を用いて表せ.
 (1) $E\{X(X-1)\}$ (2) $E\{X(X+5)\}$

3.5 確率変数 X の密度関数が
$$f(x) = cx^2(1-x)^3 \quad (0 < x < 1)$$
であるとき, 定数 c の値を定めよ. さらに, X の平均と分散を求めよ.

3.6 確率変数 X の密度関数が
$$f(x) = c\exp(-2|x-3|) \quad (-\infty < x < \infty)$$
であるとき, 定数 c の値を定めよ. さらに, X の平均と分散を求めよ.

3.7 確率変数 X が一様分布 $U(0,4)$ に従うとき, 次の確率を求めよ.
 (1) $P(X > 1)$ (2) $P(X < 1.5)$ (3) $P(X > 2.5 \mid X > 1)$

3.8 確率変数 X が正規分布 $N(\mu, \sigma^2)$ に従うとする.
 (1) $\mu = 3$, $\sigma = 2$ のとき, $P(X < 5)$ を求めよ.
 (2) $P(X \leq 4) = 0.9772$, $P(X \leq 2) = 0.8413$ であるとき, μ と σ の値を求めよ.

3.9 2つの密度関数 $f_1(x), f_2(x)$ はそれぞれ平均 μ_1, μ_2, 分散 σ_1^2, σ_2^2 をもつとする. このとき,
$$f(x) = \frac{1}{2}f_1(x) + \frac{1}{2}f_2(x)$$
は密度関数であることを示せ. さらに, この分布の平均と分散を求めよ.

3.10 確率変数 X が密度関数
$$f(x) = \frac{ab^a}{x^{a+1}}, \quad x \geq b \quad (a > 0, \ b > 0)$$
をもつとき, **パレート分布** $Pa(a,b)$ に従うという. そのとき, この確率変数 X の平均と分散を求めよ.

3.11 次の分布の積率母関数を求めよ.
 (1) ポアソン分布 $Po(\lambda)$ (2) ガンマ分布 $Ga(\alpha, \beta)$

4章　多次元分布

4.1　2次元分布

　これまで述べてきた確率変数は，一日の最高気温やみかんの重さなどのように，1つの値について表すものであった．しかし，一日の最高気温と共にその日の最低気温も日常生活において重要な役割を果たしている．このように複数の確率変数の実現値を同時に観測する場合には，単に1変数に関する分布だけでは十分ではない．2つ以上の確率変数を同時に扱う分布を**多次元分布**といい，k個の確率変数 $X_1, X_2, \cdots, X_k$ を同時に扱う分布を k 次元分布という．

　2次元確率変数 (X, Y) の**同時分布関数**を
$$F(x, y) = P(X \leq x, Y \leq y)$$
で定義する．X, Y それぞれの分布関数は
$$F_1(x) = P(X \leq x) = P(X \leq x, Y < +\infty) = F(x, +\infty),$$
$$F_2(y) = P(Y \leq y) = P(X < +\infty, Y \leq y) = F(+\infty, y)$$
であり，これらを**周辺分布関数**(marginal distribution function)という．

> **定義 4.1**　同時分布関数が周辺分布関数の積となるとき，すなわち，
> $$F(x, y) = F_1(x) F_2(y)$$
> がすべての x, y に対して成り立つとき，確率変数 X, Y は**独立**であるという．

[A]　離散分布の場合

　2次元確率変数 (X, Y) が離散的な値の組をとり，標本空間は

$$S = \{(x_i, y_j) \mid i = 1, 2, \cdots, r\, ;\, j = 1, 2, \cdots, c\,\}$$

であり, (X, Y) の同時分布は**同時確率関数**

$$p_{ij} = p(x_i, y_j) = P(X = x_i, Y = y_j)$$

によって与えられているとする. ここで,

$$\sum_{i=1}^{r} \sum_{j=1}^{c} p_{ij} = \sum_{i=1}^{r} \sum_{j=1}^{c} p(x_i, y_j) = 1$$

である. X の周辺分布 $p_1(x)$ と Y の周辺分布 $p_2(y)$ はそれぞれ

$$p_1(x_i) = \sum_{j=1}^{c} p(x_i, y_j) = \sum_{j=1}^{c} p_{ij} = p_{i\cdot},$$

$$p_2(y_j) = \sum_{i=1}^{r} p(x_i, y_j) = \sum_{i=1}^{r} p_{ij} = p_{\cdot j}$$

である. これらは, 次の表のように分布表としてまとめられる.

表4.1 分布表

X ＼ Y	y_1	y_2	$\cdots$	y_c	X の周辺分布
x_1	p_{11}	p_{12}	$\cdots$	p_{1c}	$p_{1\cdot}$
x_2	p_{21}	p_{22}	$\cdots$	p_{2c}	$p_{2\cdot}$
$\vdots$	$\vdots$	$\vdots$	$\ddots$	$\vdots$	$\vdots$
x_r	p_{r1}	p_{r2}	$\cdots$	p_{rc}	$p_{r\cdot}$
Y の周辺分布	$p_{\cdot 1}$	$p_{\cdot 2}$	$\cdots$	$p_{\cdot c}$	1

X の平均と分散は

$$\mu_1 = E(X) = \sum_{i=1}^{r} x_i\, p_1(x_i),$$

$$\sigma_1{}^2 = V(X) = \sum_{i=1}^{r} (x_i - \mu_1)^2 p_1(x_i).$$

Y の平均と分散は

$$\mu_2 = E(Y) = \sum_{j=1}^{c} y_j\, p_2(y_j),$$

$$\sigma_2{}^2 = V(Y) = \sum_{j=1}^{c} (y_j - \mu_2)^2 p_2(y_j).$$

$X = x_i$ を与えたときの Y の**条件付き分布**(conditional distribution)を

$$p_{j|i} = p_2(y_j \mid x_i) = \frac{P(X = x_i, Y = y_j)}{P(X = x_i)}$$

$$= \frac{p(x_i, y_j)}{p_1(x_i)} = \frac{p_{ij}}{p_{i\cdot}}$$

で定義する．条件付き分布の平均と分散を**条件付き平均**，**条件付き分散**といい，次のように表す：

$$E[Y \mid X = x_i] = \sum_{j=1}^{c} y_j \, p_{j|i} = \frac{1}{p_{i\cdot}} \sum_{j=1}^{c} y_j \, p_{ij},$$

$$V[Y \mid X = x_i] = \sum_{j=1}^{c} \{y_j - E[Y \mid X = x_i]\}^2 \, p_{j|i}$$

$$= \frac{1}{p_{i\cdot}} \sum_{j=1}^{c} \{y_j - E[Y \mid X = x_i]\}^2 \, p_{ij}.$$

$Y = y_j$ を与えたときの X の条件付き分布 $p_{i|j} = p_1(x_i \mid y_j)$ についても同様である．X, Y が離散分布の場合，次の関係が成り立つ：

X, Y が独立である．

$$\Updownarrow$$

$$p(x_i, y_j) = p_1(x_i) \, p_2(y_j) \qquad (i = 1, \cdots, r \,;\, j = 1, \cdots, c)$$

[B] 連続分布の場合

2次元確率変数 (X, Y) の同時分布関数が

$$F(x, y) = \int_{-\infty}^{y} \left\{ \int_{-\infty}^{x} f(u, v) \, du \right\} dv, \qquad f(u, v) \geq 0$$

と表せるとき，$f(x, y)$ を**同時密度関数**という．

X の周辺密度関数と周辺分布関数は

$$f_1(x) = \int_{-\infty}^{\infty} f(x, y) \, dy, \qquad F_1(x) = \int_{-\infty}^{x} f_1(u) \, du,$$

Y の周辺密度関数と周辺分布関数は

$$f_2(y) = \int_{-\infty}^{\infty} f(x, y) \, dx, \qquad F_2(y) = \int_{-\infty}^{y} f_2(v) \, dv$$

と表せる．

X の平均と分散は

$$\mu_1 = E(X) = \int_{-\infty}^{\infty} x\, f_1(x)\, dx,$$

$$\sigma_1{}^2 = V(X) = \int_{-\infty}^{\infty} (x - \mu_1)^2 f_1(x)\, dx.$$

Y の平均と分散は

$$\mu_2 = E(Y) = \int_{-\infty}^{\infty} y\, f_2(y)\, dy,$$

$$\sigma_2{}^2 = V(Y) = \int_{-\infty}^{\infty} (y - \mu_2)^2 f_2(y)\, dy$$

である．

$X = x$ を与えたときの Y の条件付き密度関数は

$$f_2(y \mid x) = \frac{f(x,y)}{f_1(x)} = \frac{f(x,y)}{\displaystyle\int_{-\infty}^{\infty} f(x,y)\, dy}$$

で定義され，その平均と分散が条件付き平均と条件付き分散である：

$$E[\,Y \mid X = x\,] = \int_{-\infty}^{\infty} y\, f_2(y \mid x)\, dy = \frac{1}{f_1(x)} \int_{-\infty}^{\infty} y\, f(x,y)\, dy,$$

$$V[\,Y \mid X = x\,] = \int_{-\infty}^{\infty} \{y - E[\,Y \mid X = x\,]\}^2 f_2(y \mid x)\, dy$$

$$= \frac{1}{f_1(x)} \int_{-\infty}^{\infty} \{y - E[\,Y \mid X = x\,]\}^2 f(x,y)\, dy.$$

$Y = y$ を与えたときの X の条件付き密度関数 $f_1(x \mid y)$ についても同様である．X, Y が連続分布の場合，次の関係が成り立つ：

$$X, Y\ \text{が独立である}$$
$$\Updownarrow$$
$$f(x,y) = f_1(x)\, f_2(y) \quad (\text{任意の}\ x, y\ \text{に対して})$$

［C］ 共分散と相関係数

2 次元確率変数 (X, Y) の**共分散**（covariance）は次のように定義される：

4.1　2次元分布

$$Cov(X, Y) = E\{(X - \mu_1)(Y - \mu_2)\}$$

$$= \begin{cases} \sum_{i=1}^{r} \sum_{j=1}^{c} (x_i - \mu_1)(y_j - \mu_2) \, p(x_i, y_j) & (\text{離散分布の場合}) \\ \int_{-\infty}^{\infty} \int_{-\infty}^{\infty} (x - \mu_1)(y - \mu_2) f(x, y) \, dxdy & (\text{連続分布の場合}). \end{cases}$$

これを記号 σ_{12} で表すことが多い．このとき，次の対称性が成り立つ：

$$\sigma_{21} = Cov(Y, X) = E\{(Y - \mu_2)(X - \mu_1)\}$$
$$= E\{(X - \mu_1)(Y - \mu_2)\} = Cov(X, Y) = \sigma_{12}.$$

とくに，$Cov(X, X) = V(X)$ であり，記号では $\sigma_{11} = \sigma_1{}^2$ である．同様に $\sigma_{22} = \sigma_2{}^2$ である．さらに，

$$Cov(X, Y) = E\{(X - \mu_1)(Y - \mu_2)\}$$
$$= E(XY) - \mu_1 E(Y) - \mu_2 E(X) + \mu_1 \mu_2 = E(XY) - \mu_1 \mu_2$$

から，分散公式と同様な式

$$Cov(X, Y) = E(XY) - E(X)E(Y)$$

が成り立つ．これを**共分散公式**という．

(X, Y) の**相関係数**は次のように定義され，記号 ρ または ρ_{12} で表されることが多い：

$$\rho = Corr(X, Y) = \frac{Cov(X, Y)}{\sqrt{V(X) \, V(Y)}} = \frac{\sigma_{12}}{\sigma_1 \sigma_2}.$$

例 4.1

X, Y が独立のとき，任意の関数 $h_1(x), h_2(y)$ に対して次のことが成り立つことを示せ．

$$E\{h_1(X) h_2(Y)\} = E\{h_1(X)\} E\{h_2(Y)\}.$$

【解】 ここでは離散分布の場合を示す．独立性より $p_{ij} = p_{i.} p_{.j}$ だから，

$$E\{h_1(X) h_2(Y)\} = \sum_{i=1}^{r} \sum_{j=1}^{c} h_1(x_i) h_2(y_j) p_{i.} p_{.j}$$
$$= \sum_{i=1}^{r} h_1(x_i) p_{i.} \sum_{j=1}^{c} h_2(y_j) p_{.j} = E\{h_1(X)\} E\{h_2(Y)\}$$

が成り立つ． ◇

定理 4.1 (X, Y) の相関係数は $|\rho| \leq 1$（すなわち，$-1 \leq \rho \leq 1$）である．とくに，X, Y が独立のとき，共分散は $Cov(X, Y) = 0$ である．したがって，相関係数は $\rho = 0$ である．

[証明] X, Y をそれぞれ z-変換する： $W = \dfrac{X - \mu_1}{\sigma_1}$, $Z = \dfrac{Y - \mu_2}{\sigma_2}$.
このとき，
$$E(W) = E(Z) = 0, \quad V(W) = V(Z) = 1, \quad Cov(W, Z) = E(WZ) = \rho$$
が成り立つ．いま，$W \pm Z$ を考えると，
$$0 \leq E\{(W \pm Z)^2\} = E(W^2) + E(Z^2) \pm 2E(WZ) = 2(1 \pm \rho)$$
となる（複号同順）．ゆえに，
$$-1 \leq \rho \leq 1, \quad \text{すなわち}, \quad |\rho| \leq 1$$
が示された．さらに，X, Y が独立のとき，$E(X - \mu_1) = E(Y - \mu_2) = 0$ であるから，例 4.1 より，
$$Cov(X, Y) = E\{(X - \mu_1)(Y - \mu_2)\} = E(X - \mu_1) E(Y - \mu_2) = 0$$
となる．ゆえに，相関係数は $\rho = 0$ である． □

定理 4.2 （1） 確率変数 X, Y の和 $X + Y$ の平均と分散は
$$E(X + Y) = E(X) + E(Y) = \mu_1 + \mu_2,$$
$$V(X + Y) = V(X) + 2Cov(X, Y) + V(Y) = \sigma_1^2 + 2\sigma_{12} + \sigma_2^2.$$
（2） とくに，X, Y が独立であるとき，その和 $X + Y$ の分散は
$$V(X + Y) = V(X) + V(Y) = \sigma_1^2 + \sigma_2^2.$$

[証明] （1） 平均については明らかである．分散については
$$\begin{aligned}V(X + Y) &= E[\{(X + Y) - E(X + Y)\}^2] \\ &= E\{(X - \mu_1)^2 + 2(X - \mu_1)(Y - \mu_2) + (Y - \mu_2)^2\} \\ &= V(X) + 2Cov(X, Y) + V(Y) = \sigma_1^2 + 2\sigma_{12} + \sigma_2^2.\end{aligned}$$
（2） X, Y が独立のとき，共分散 $\sigma_{12} = Cov(X, Y) = 0$ より明らか． □

例 4.2

2つの確率変数 X, Y と定数 a, b に対して，新たな確率変数 $aX + bY$ の平均と分散は次のようになることを示せ：

$$E(aX + bY) = aE(X) + bE(Y) = a\mu_1 + b\mu_2,$$
$$V(aX + bY) = a^2 V(X) + 2ab\,Cov(X, Y) + b^2 V(Y)$$
$$= a^2 \sigma_1{}^2 + 2ab\,\sigma_{12} + b^2 \sigma_2{}^2.$$

とくに，X, Y が独立であるとき，

$$V(aX + bY) = a^2 V(X) + b^2 V(Y) = a^2 \sigma_1{}^2 + b^2 \sigma_2{}^2.$$

【解】 平均については明らかである．分散については，

$$V(aX + bY) = E[\{(aX + bY) - E(aX + bY)\}^2]$$
$$= E\{a^2(X - \mu_1)^2 + 2ab(X - \mu_1)(Y - \mu_2) + b^2(Y - \mu_2)^2\}$$
$$= a^2 V(X) + 2ab\,Cov(X, Y) + b^2 V(Y)$$
$$= a^2 \sigma_1{}^2 + 2ab\,\sigma_{12} + b^2 \sigma_2{}^2.$$

X, Y が独立であるとき，共分散は $Cov(X, Y) = 0$ であるから，和の分散は

$$V(aX + bY) = a^2 V(X) + b^2 V(Y) = a^2 \sigma_1{}^2 + b^2 \sigma_2{}^2. \qquad \diamondsuit$$

例 4.3

2次元確率変数 (X, Y) が，同時確率関数

$$p_{ij} = \frac{n!}{i!\,j!\,(n-i-j)!} p^i q^j (1-p-q)^{n-i-j},$$
$$0 \le i \le n;\; 0 \le j \le n-i \quad (0 < p, q, p+q < 1)$$

をもつとき，**三項分布**（trinomial distribution）に従うという．このとき，X, Y の周辺分布，条件付き分布，平均，および分散を求めよ．また，共分散，相関係数を求めよ．

【解】 X の周辺分布は

$$p_{i\cdot} = \sum_{j=0}^{n-i} \frac{n!}{i!\,j!\,(n-i-j)!} p^i q^j (1-p-q)^{n-i-j}$$
$$= \frac{n!}{i!\,(n-i)!} p^i \sum_{j=0}^{n-i} \frac{(n-i)!}{j!\,(n-i-j)!} q^j (1-p-q)^{n-i-j}$$
$$= \frac{n!}{i!\,(n-i)!} p^i (1-p)^{n-i}$$

となり，これは二項分布 $Bin(n, p)$ である．同様にして，Y の周辺分布は二項分布 $Bin(n, q)$ となる．したがって，X, Y のそれぞれの平均と分散は

$$\mu_1 = E(X) = np, \quad \sigma_1{}^2 = V(X) = np(1-p),$$
$$\mu_2 = E(Y) = nq, \quad \sigma_2{}^2 = V(Y) = nq(1-q)$$

である．また，$X = i$ を与えたときの Y の条件付き分布は

$$p_{j|i} = \frac{p_{ij}}{p_{i\cdot}} = \frac{\dfrac{n!}{i!\,j!\,(n-i-j)!}\, p^i q^j (1-p-q)^{n-i-j}}{\dfrac{n!}{i!\,(n-i)!}\, p^i (1-p)^{n-i}}$$
$$= \frac{(n-i)!}{j!\,(n-i-j)!} \left(\frac{q}{1-p}\right)^j \left(\frac{1-p-q}{1-p}\right)^{n-i-j}$$

となり，これは二項分布 $Bin\left(n-i, \dfrac{q}{1-p}\right)$ である．すなわち，X を与えたときの Y の条件付き分布は二項分布 $Bin\left(n-X, \dfrac{q}{1-p}\right)$ である．したがって，X を与えたときの Y の条件付き平均と条件付き分散は

$$E[Y \mid X] = (n-X)\frac{q}{1-p},$$
$$V[Y \mid X] = (n-X)\frac{q}{1-p}\frac{1-p-q}{1-p}$$

となる．同様な計算により，共分散は

$$Cov(X, Y) = E[(X-\mu_1)\{E[Y \mid X] - \mu_2\}]$$
$$= E\left[(X-\mu_1)\left\{(n-X)\frac{q}{1-p} - \mu_2\right\}\right]$$
$$= -\frac{q}{1-p} E\{(X-\mu_1)^2\} + \left\{n\frac{q}{1-p} - \mu_1\frac{q}{1-p} - \mu_2\right\} E(X-\mu_1)$$
$$= -\frac{q}{1-p} V(X) = -\frac{q}{1-p} np(1-p)$$
$$= -npq$$

となる．ゆえに，X, Y の相関係数は

$$\rho = \frac{-npq}{\sqrt{np(1-p)}\,\sqrt{nq(1-q)}} = -\sqrt{\frac{p}{1-p}}\sqrt{\frac{q}{1-q}}$$

となる． ◇

例 4.4

2次元確率変数 (X, Y) が次の同時密度関数をもつとき，**2次元正規分布**に従うといい，記号 $N_2(\boldsymbol{\mu}, \boldsymbol{\Sigma})$ で表す．

$$f(x,y) = \frac{1}{2\pi\sigma_1\sigma_2\sqrt{1-\rho^2}} \exp\Bigl[-\frac{1}{2(1-\rho^2)}\Bigl\{ \Bigl(\frac{x-\mu_1}{\sigma_1}\Bigr)^2 \\ - 2\rho\Bigl(\frac{x-\mu_1}{\sigma_1}\Bigr)\Bigl(\frac{y-\mu_2}{\sigma_2}\Bigr) + \Bigl(\frac{y-\mu_2}{\sigma_2}\Bigr)^2 \Bigr\}\Bigr].$$

ここで，$\boldsymbol{\mu}$ は平均ベクトル，$\boldsymbol{\Sigma}$ は共分散行列である：

$$\boldsymbol{\mu} = \begin{pmatrix} \mu_1 \\ \mu_2 \end{pmatrix} = \begin{pmatrix} E(X) \\ E(Y) \end{pmatrix},$$

$$\boldsymbol{\Sigma} = \begin{pmatrix} \sigma_1^2 & \sigma_{12} \\ \sigma_{12} & \sigma_2^2 \end{pmatrix} = \begin{pmatrix} V(X) & Cov(X,Y) \\ Cov(X,Y) & V(Y) \end{pmatrix}.$$

そのとき，X, Y の周辺分布，平均，分散を求めよ．また，共分散，相関係数を求めよ．

【解】同時密度関数を次のように分解する：

$$f(x,y) = \frac{1}{\sqrt{2\pi}\,\sigma_1}\exp\Bigl\{-\frac{(x-\mu_1)^2}{2\sigma_1^2}\Bigr\} \\ \times \frac{1}{\sqrt{2\pi}\,\sigma_2\sqrt{1-\rho^2}}\exp\Bigl[-\frac{1}{2(1-\rho^2)\sigma_2^2}\Bigl\{y-\mu_2-\frac{\sigma_2}{\sigma_1}\rho(x-\mu_1)\Bigr\}^2\Bigr].$$

それぞれの関数を

$$f_1(x) = \frac{1}{\sqrt{2\pi}\,\sigma_1}\exp\Bigl\{-\frac{(x-\mu_1)^2}{2\sigma_1^2}\Bigr\},$$

$$f_2(y \mid x) = \frac{1}{\sqrt{2\pi}\,\sigma_2\sqrt{1-\rho^2}}\exp\Bigl[-\frac{1}{2(1-\rho^2)\sigma_2^2}\Bigl\{y-\mu_2-\frac{\sigma_2}{\sigma_1}\rho(x-\mu_1)\Bigr\}^2\Bigr]$$

とおくとき，$f_1(x)$ は正規分布 $N(\mu_1, \sigma_1^2)$ の密度関数であり，X の周辺密度関数である．$f_2(y\mid x)$ は正規分布

$$N\Bigl(\mu_2 + \frac{\sigma_2}{\sigma_1}\rho(x-\mu_1),\ \sigma_2^2(1-\rho^2)\Bigr)$$

の密度関数であり，$X=x$ を与えたときの Y の条件付き密度関数であることがわかる．

同様にして，Y の周辺密度関数と $Y = y$ を与えたときの X の条件付き密度関数は

$$f_2(y) = \frac{1}{\sqrt{2\pi}\,\sigma_2} \exp\left\{-\frac{(y-\mu_2)^2}{2\sigma_2^2}\right\},$$

$$f_1(x \mid y) = \frac{1}{\sqrt{2\pi}\,\sigma_1\sqrt{1-\rho^2}} \exp\left[-\frac{1}{2(1-\rho^2)\sigma_1^2}\left\{x - \mu_1 - \frac{\sigma_1}{\sigma_2}\rho(y-\mu_2)\right\}^2\right]$$

であることがわかる．したがって，X, Y の平均と分散は

$$E(X) = \mu_1, \quad E(Y) = \mu_2, \quad V(X) = \sigma_1^2, \quad V(Y) = \sigma_2^2$$

である．また，X を与えたときの Y の条件付き平均と条件付き分散は

$$E[\,Y \mid X\,] = \mu_2 + \frac{\sigma_2}{\sigma_1}\rho(X - \mu_1),$$

$$V[\,Y \mid X\,] = \sigma_2^2(1 - \rho^2)$$

であるから，X, Y の共分散は

$$\begin{aligned}
Cov(X, Y) &= E\{(X - \mu_1)\,E[\,Y - \mu_2 \mid X\,]\} \\
&= E\left\{(X - \mu_1)\frac{\sigma_2}{\sigma_1}\rho(X - \mu_1)\right\} \\
&= \frac{\sigma_2}{\sigma_1}\rho\,V(X) = \frac{\sigma_2}{\sigma_1}\rho\,\sigma_1^2 = \sigma_1\sigma_2\rho
\end{aligned}$$

となる．ゆえに，相関係数は

$$\frac{Cov(X, Y)}{\sqrt{V(X)\,V(Y)}} = \frac{\sigma_1\sigma_2\rho}{\sigma_1\sigma_2} = \rho$$

である． ◇

例 4.5

2次元正規分布において $\rho = 0$ のとき，2つの確率変数 X, Y は独立であることを示せ．

【解】 $\rho = 0$ のとき，条件付き密度関数は $f_2(y \mid x) = f_2(y)$ となるので，同時密度関数は $f(x, y) = f_1(x)\,f_2(y)$ を満たし，X, Y は独立である． ◇

問 4.1 確率変数 X, Y が独立で，共に正規分布 $N(\mu, \sigma^2)$ に従うとき，それらの和 $X + Y$ と差 $X - Y$ の平均，分散および共分散を求めよ．また，和と差は独立かどうか調べよ．

4.2 独立な確率変数の和の分布

独立な確率変数 X, Y の和 $Z = X + Y$ の分布を，離散分布の場合と連続分布の場合のそれぞれについて考えよう．

[A] 離散分布の場合

X, Y は負でない整数値をとる独立な確率変数とし，それぞれの確率関数は

$$p_i = P(X = i), \quad q_j = P(Y = j) \quad (i, j = 0, 1, 2, \cdots)$$

であるとする．このとき，和 $Z = X + Y$ の確率関数 $u_k = P(Z = k)$ は

$$\begin{aligned}
u_k = P(Z = k) &= P(X + Y = k) \\
&= \sum_{i=0}^{k} P(X = i, Y = k - i) \\
&= \sum_{i=0}^{k} P(X = i) P(Y = k - i) = \sum_{i=0}^{k} p_i q_{k-i}
\end{aligned}$$

となる．これを $\{p_i\}$ と $\{q_j\}$ の**たたみ込み**といい，$u = p * q$ で表す．

例 4.6

X はポアソン分布 $Po(\lambda)$ に従い，Y はポアソン分布 $Po(\mu)$ に従う独立な確率変数とする．このとき，その和 $Z = X + Y$ はどのような分布に従うか．

【解】 X, Y の確率関数は

$$p_i = e^{-\lambda} \frac{\lambda^i}{i!}, \quad q_j = e^{-\mu} \frac{\mu^j}{j!}$$

であるから，そのたたみ込みは二項定理から

$$\begin{aligned}
u_k &= \sum_{i=0}^{k} e^{-\lambda} \frac{\lambda^i}{i!} e^{-\mu} \frac{\mu^{k-i}}{(k-i)!} = e^{-(\lambda+\mu)} \frac{1}{k!} \sum_{i=0}^{k} \frac{k!}{i!(k-i)!} \lambda^i \mu^{k-i} \\
&= e^{-(\lambda+\mu)} \frac{1}{k!} (\lambda + \mu)^k
\end{aligned}$$

となる．これはポアソン分布 $Po(\lambda + \mu)$ の確率関数である．したがって，$Z = X + Y$ はポアソン分布 $Po(\lambda + \mu)$ に従う． ◇

[B] 連続分布の場合

X, Y はそれぞれ密度関数 $f(x), g(y)$ をもつ独立な確率変数とする．和 $Z = X + Y$ の密度関数を $h(z)$ とするとき，

$$\int_{-\infty}^{z} h(t)\, dt = P(X + Y \leq z) = \int_{-\infty}^{\infty} \left\{ \int_{-\infty}^{z-x} g(y)\, dy \right\} f(x)\, dx$$

であるから，両辺を z で微分すれば，密度関数

$$h(z) = \int_{-\infty}^{\infty} f(x)\, g(z - x)\, dx$$

が得られる．$h(z)$ は $f(x)$ と $g(y)$ の**たたみ込み**であり，$h = f * g$ で表される．

例 4.7

X, Y は独立で指数分布 $Ex(\lambda)$ に従う確率変数とする．そのとき，和 $Z = X + Y$ はどのような分布に従うか．

【解】 X, Y の密度関数は

$$f(x) = \lambda e^{-\lambda x} \quad (x \geq 0), \qquad g(y) = \lambda e^{-\lambda y} \quad (y \geq 0)$$

であるから，和の密度関数はそのたたみ込み

$$h(z) = \int_0^z \lambda e^{-\lambda x}\, \lambda e^{-\lambda(z-x)}\, dx = \lambda^2 z\, e^{-\lambda z}$$

$$= \frac{\lambda^2}{\Gamma(2)} z^{2-1} e^{-\lambda z}, \quad \Gamma(2) = 1$$

である．これはガンマ分布 $Ga(2, 1/\lambda)$ の密度関数であるから，和 $Z = X + Y$ はガンマ分布に従う． ◇

[C] 積率母関数の利用

確率変数 X, Y の分布関数を $F(x), G(y)$，積率母関数を $M_X(t) = E(e^{tX})$，$M_Y(t) = E(e^{tY})$ とする．そのとき，次のことが知られている．

分布が等しいことと積率母関数が等しいことは同値，すなわち，

$$F = G \iff M_X = M_Y$$

である．

4.2 独立な確率変数の和の分布

独立な確率変数 X, Y の和 $Z = X + Y$ の分布を，積率母関数を用いて求める方法は簡単で便利な方法である．

定理 4.3 独立な確率変数 X, Y の和 $Z = X + Y$ の積率母関数 $M_Z(t)$ は積率母関数 $M_X(t), M_Y(t)$ の積に等しい：
$$M_Z(t) = M_X(t) M_Y(t).$$

[証明] 和 $Z = X + Y$ の積率母関数 $M_Z(t)$ は，例 4.1 より，
$$M_Z(t) = E\{e^{t(X+Y)}\} = E(e^{tX} e^{tY})$$
$$= E(e^{tX}) E(e^{tY}) = M_X(t) M_Y(t)$$
となる． □

例 4.8

確率変数 X_1, X_2 は独立で，それぞれは正規分布 $N(\mu_1, \sigma_1^2)$, $N(\mu_2, \sigma_2^2)$ に従うとき，その和 $Z = X_1 + X_2$ は正規分布 $N(\mu_1 + \mu_2, \sigma_1^2 + \sigma_2^2)$ に従うことを示せ．

【解】 例 3.23 から，確率変数 X_1, X_2 の積率母関数は
$$M_1(t) = \exp\left(\mu_1 t + \frac{\sigma_1^2 t^2}{2}\right),$$
$$M_2(t) = \exp\left(\mu_2 t + \frac{\sigma_2^2 t^2}{2}\right)$$
である．ゆえに，確率変数 $Z = X_1 + X_2$ の積率母関数 $M_Z(t)$ は
$$M_Z(t) = \exp\left(\mu_1 t + \frac{\sigma_1^2 t^2}{2}\right) \exp\left(\mu_2 t + \frac{\sigma_2^2 t^2}{2}\right)$$
$$= \exp\left\{(\mu_1 + \mu_2)t + \frac{(\sigma_1^2 + \sigma_2^2)t^2}{2}\right\}$$
となる．これは正規分布 $N(\mu_1 + \mu_2, \sigma_1^2 + \sigma_2^2)$ の積率母関数であるから，Z は正規分布 $N(\mu_1 + \mu_2, \sigma_1^2 + \sigma_2^2)$ に従う． ◇

4.3 多次元分布

多次元分布の例として，多項分布と多変量正規分布を取り上げる．

[A] 多項分布 (multinomial distribution)

標本空間 S を $k+1$ 個の互いに素な部分集合 $A_1, \cdots, A_{k+1}$ に分割し，それぞれの確率を $p_1 = P(A_1), \cdots, p_{k+1} = P(A_{k+1})$ とする．標本空間から n 個の標本を無作為に抽出したとき，部分集合 $A_1, \cdots, A_{k+1}$ に属する標本の個数をそれぞれ $N_1, \cdots, N_{k+1}$ とする：

$$A_1 \cup \cdots \cup A_{k+1} = S, \quad p_1 + \cdots + p_{k+1} = 1, \quad N_1 + \cdots + N_{k+1} = n.$$

そのとき，$N_1, \cdots, N_{k+1}$ は確率変数であり，その同時確率関数は

$$p(n_1, \cdots, n_{k+1}) = \frac{n!}{n_1! \cdots n_{k+1}!} p_1^{n_1} \cdots p_{k+1}^{n_{k+1}}$$

$$(n_1, \cdots, n_{k+1} : 非負整数, \ n_1 + \cdots + n_{k+1} = n)$$

である．一般の k に対してこの分布を**多項分布**，またはとくに **$k+1$ 項分布**という．$k=1$ のときは二項分布，$k=2$ のときは三項分布である．$k+1$ 個の確率変数があるが，和は $N_1 + \cdots + N_{k+1} = n$ であるから，実際にはこれは k 次元確率変数である．

例 4.9

10 個のさいころを投げるとき，1 の目の出るサイコロの個数を N_1，2 の目の出るサイコロ個数を N_2，以下同様にして，6 の目の出るサイコロの個数を N_6 とする．このとき，$(N_1, \cdots, N_6)$ の同時確率関数を求めよ．

【解】 どのサイコロの目も同じ確率 $1/6$ で出るから，

$$p(n_1, \cdots, n_6) = \frac{(10)!}{n_1! \cdots n_6!} \left(\frac{1}{6}\right)^{n_1} \cdots \left(\frac{1}{6}\right)^{n_6}$$

$$= \frac{(10)!}{n_1! \cdots n_6!} \left(\frac{1}{6}\right)^{10}$$

$$(n_1 + n_2 + \cdots + n_6 = 10)$$

となる． ◇

[B] 多変量正規分布 (multivariate normal distribution)

k 個の確率変数 $X_1, X_2, \cdots, X_k$ の平均,分散,共分散を
$$\mu_i = E(X_i), \qquad \sigma_{ii} = \sigma_i^2 = V(X_i),$$
$$\sigma_{ij} = Cov(X_i, X_j) = Cov(X_j, X_i) = \sigma_{ji}$$
とする.いま,これらを組にして考え,k 次元確率ベクトル $\boldsymbol{X}$ とその平均ベクトル $E(\boldsymbol{X}) = \boldsymbol{\mu}$ を
$$\boldsymbol{X} = \begin{pmatrix} X_1 \\ X_2 \\ \vdots \\ X_k \end{pmatrix}, \qquad E(\boldsymbol{X}) = \begin{pmatrix} E(X_1) \\ E(X_2) \\ \vdots \\ E(X_k) \end{pmatrix} = \begin{pmatrix} \mu_1 \\ \mu_2 \\ \vdots \\ \mu_k \end{pmatrix} = \boldsymbol{\mu}$$
とし,共分散行列 $\boldsymbol{\Sigma}$ を
$$V(\boldsymbol{X}) = \begin{pmatrix} Cov(X_1, X_1) & \cdots & Cov(X_1, X_k) \\ \vdots & \ddots & \vdots \\ Cov(X_k, X_1) & \cdots & Cov(X_k, X_k) \end{pmatrix} = \begin{pmatrix} \sigma_{11} & \cdots & \sigma_{1k} \\ \vdots & \ddots & \vdots \\ \sigma_{k1} & \cdots & \sigma_{kk} \end{pmatrix} = \boldsymbol{\Sigma}$$
とする.

定理 4.4 定数ベクトル $\boldsymbol{a} = {}^t(a_1, a_2, \cdots, a_k)$ に対して,線形結合した確率変数
$$ {}^t\boldsymbol{a}\boldsymbol{X} = a_1 X_1 + a_2 X_2 + \cdots + a_k X_k \qquad ({}^t\boldsymbol{a}: \boldsymbol{a} \text{の転置})$$
を考えるとき,その平均と分散は次のようになる:
$$E({}^t\boldsymbol{a}\boldsymbol{X}) = {}^t\boldsymbol{a}\, E(\boldsymbol{X}) = {}^t\boldsymbol{a}\boldsymbol{\mu},$$
$$V({}^t\boldsymbol{a}\boldsymbol{X}) = {}^t\boldsymbol{a}\, V(\boldsymbol{X})\, \boldsymbol{a} = {}^t\boldsymbol{a}\boldsymbol{\Sigma}\boldsymbol{a}.$$

[証明] 平均については
$$\begin{aligned} E({}^t\boldsymbol{a}\boldsymbol{X}) &= E(a_1 X_1 + a_2 X_2 + \cdots + a_k X_k) \\ &= a_1 E(X_1) + a_2 E(X_2) + \cdots + a_k E(X_k) \\ &= a_1 \mu_1 + a_2 \mu_2 + \cdots + a_k \mu_k = {}^t\boldsymbol{a}\boldsymbol{\mu} = {}^t\boldsymbol{a}\, E(\boldsymbol{X}) \end{aligned}$$
となる.

また，分散は
$$\begin{aligned}
V({}^t\boldsymbol{a}\boldsymbol{X}) &= V(a_1 X_1 + a_2 X_2 + \cdots + a_k X_k) \\
&= E[\{(a_1 X_1 + \cdots + a_k X_k) - (a_1 \mu_1 + \cdots + a_k \mu_k)\}^2] \\
&= E\left[\left\{\sum_{i=1}^{k} a_i (X_i - \mu_i)\right\}^2\right] = \sum_{i=1}^{k}\sum_{j=1}^{k} a_i a_j E\{(X_i - \mu_i)(X_j - \mu_j)\} \\
&= \sum_{i=1}^{k}\sum_{j=1}^{k} a_i a_j \, Cov(X_i, X_j) = \sum_{i=1}^{k}\sum_{j=1}^{k} a_i a_j \sigma_{ij} \\
&= {}^t\boldsymbol{a}\boldsymbol{\Sigma}\boldsymbol{a} = {}^t\boldsymbol{a}\, V(\boldsymbol{X})\,\boldsymbol{a}.\qquad\square
\end{aligned}$$

定義 4.2 確率ベクトル $\boldsymbol{X}$ が k 次元正規分布 $N_k(\boldsymbol{\mu}, \boldsymbol{\Sigma})$ に従うとは，任意の定数ベクトル $\boldsymbol{a}$ に対して，線形結合した確率変数 ${}^t\boldsymbol{a}\boldsymbol{X}$ が正規分布 $N({}^t\boldsymbol{a}\boldsymbol{\mu}, {}^t\boldsymbol{a}\boldsymbol{\Sigma}\boldsymbol{a})$ に従うことである：
$$\boldsymbol{X} \sim N_k(\boldsymbol{\mu}, \boldsymbol{\Sigma}) \iff {}^t\boldsymbol{a}\boldsymbol{X} \sim N({}^t\boldsymbol{a}\boldsymbol{\mu}, {}^t\boldsymbol{a}\boldsymbol{\Sigma}\boldsymbol{a}).$$

一般の k に対して，この分布を**多変量正規分布**という．

例 4.10

次のことを示せ．

(1) 確率変数 $X_1, X_2, \cdots, X_k$ が独立でそれぞれ正規分布 $N(\mu, \sigma^2)$ に従うとき，$\boldsymbol{X} = {}^t(X_1, X_2, \cdots, X_k)$ は k 次元正規分布 $N_k(\boldsymbol{\mu}, \boldsymbol{\Sigma})$ に従う．ここで，
$$\boldsymbol{\mu} = {}^t(\mu, \mu, \cdots, \mu),$$
$$\boldsymbol{\Sigma} = (\sigma_{ij}), \quad \begin{cases} \sigma_{ii} = V(X_i) = \sigma^2 \\ \sigma_{ij} = Cov(X_i, X_j) = 0 \quad (i \neq j). \end{cases}$$

(2) 確率ベクトル $\boldsymbol{X}$ が k 次元正規分布 $N_k(\boldsymbol{\mu}, \boldsymbol{\Sigma})$ に従うとき，確率変数 X_1 の周辺分布は $N(\mu_1, \sigma_1^2)$ に従う．

【解】 (1) 例 4.8 により，線形結合 ${}^t\boldsymbol{a}\boldsymbol{X} = a_1 X_1 + a_2 X_2 + \cdots + a_k X_k$ は再び正規分布に従うので，定義 4.2 より明らかである．

(2) 定数を $a_1 = 1,\ a_2 = \cdots = a_k = 0$ とすれば，X_1 は正規分布 $N(\mu_1, \sigma_1^2)$ に従うことがわかる． $\diamondsuit$

[C] 積率母関数と独立な確率変数の和

標本空間の分布に対して積率母関数 $M(t)$ が与えられているとする. X_1, $X_2, \cdots, X_n$ が独立で同一の分布に従う確率変数であるとき, それらの和 $X_1 + X_2 + \cdots + X_n$ の分布の積率母関数 $M_n(t)$ は

$$M_n(t) = E(e^{t(X_1+X_2+\cdots+X_n)})$$
$$= E(e^{tX_1})E(e^{tX_2})\cdots E(e^{tX_n}) = \{M(t)\}^n$$

となる. これより, 積率母関数が $\{M(t)\}^n$ である分布が求まれば, その分布は $X_1 + X_2 + \cdots + X_n$ の分布に等しいことになる.

例 4.11

二項分布 $Bin(m, p)$ に従う独立な確率変数 $X_1, X_2, \cdots, X_n$ の和 $X_1 + X_2 + \cdots + X_n$ の分布を求めよ.

【解】 二項分布 $Bin(m, p)$ の積率母関数は $M(t) = (pe^t + 1 - p)^m$ であるから, 和 $X_1 + X_2 + \cdots + X_n$ の積率母関数 $M_n(t)$ は

$$M_n(t) = E\{e^{t(X_1+X_2+\cdots+X_n)}\} = \{M(t)\}^n = (pe^t + 1 - p)^{mn}$$

となる. これは二項分布 $Bin(mn, p)$ の積率母関数であるから, 和は二項分布 $Bin(mn, p)$ に従う. ◇

例 4.12

正規分布 $N(\mu, \sigma^2)$ に従う独立な確率変数 $X_1, X_2, \cdots, X_n$ の和 $X_1 + X_2 + \cdots + X_n$ の分布を求めよ.

【解】 正規分布 $N(\mu, \sigma^2)$ の積率母関数は $M(t) = \exp\left(\mu t + \dfrac{\sigma^2 t^2}{2}\right)$ であるから, 和の積率母関数は

$$M_n(t) = \{M(t)\}^n = \exp\left(n\mu t + \dfrac{n\sigma^2 t^2}{2}\right)$$

となる. これは正規分布 $N(n\mu, n\sigma^2)$ の積率母関数であるから, 和は正規分布 $N(n\mu, n\sigma^2)$ に従う. ◇

演習問題 4

4.1 1枚のコインを投げて,表が出たら10点,裏が出たら0点とする.これを20回繰り返すとき,合計得点の平均と分散を求めよ.

4.2 ある人に1日に送られてくる電子メールの数は,国内の人からは平均2.2のポアソン分布に従い,国外の人からは平均0.3のポアソン分布に従う.この人が1日に受け取る電子メールの件数の分布を求めよ.

4.3 ある大学の入学試験の国語の平均が63点,標準偏差が6点であり,数学の平均が51点,標準偏差が8点であるとき,合計点の分布を求めよ.ただし,どちらの点数も正規分布に従っているとする.

4.4 区間 $[0,1]$ からランダムに1点をとりその点を X とする.次に,区間 $[X,1]$ からランダムに1点をとりその点を Y とする.
 (1) $X = x$ のとき,Y の条件付き密度関数を求めよ.これは何分布か.
 (2) (X,Y) の同時分布を求めよ.
 (3) X, Y の平均,分散,相関係数を求めよ.

4.5 X および Y を,それぞれ二項分布 $Bin(m,p)$ および $Bin(n,p)$ に従う確率変数であるとする.確率変数 $X+Y$ の分布を求めよ.

4.6 確率変数 X, Y の同時密度関数が
$$f(x,y) = c(1 + 6x^2 y) \qquad (0 < x, y < 1)$$
であるとき,次の問に答えよ.
 (1) 定数 c の値を求めよ.
 (2) X, Y の周辺密度関数 $f_1(x), f_2(y)$ を求めよ.
 (3) X, Y の平均,分散を求めよ.また,X と Y の相関係数を求めよ.

4.7 A, B, C, D の4人が麻雀を8回行う.4人の過去の対戦成績から,4人のそれぞれが勝つ確率は,0.3, 0.2, 0.4, 0.1 であるとするとき,8回中 A が3回,B が1回,C が3回,D が1回勝つ確率を求めよ.

4.8 X, Y は独立で一様分布 $U(0,1)$ に従う確率変数とするとき，次の確率を求めよ．

(1) $P(|X-Y| \leq 1/3)$　　(2) $P(|X/Y-1| \leq 1/2)$

(3) $P(Y \geq X \mid Y \geq 1/3)$　　(4) $P(X+Y \leq 1.5)$

4.9 確率変数 X, Y は独立でそれぞれポアソン分布 $Po(\lambda), Po(\mu)$ に従うとする．正整数 n に対して，$X+Y=n$ が与えられたとき，$X=r$ ($r=0,1,\cdots,n$) である確率 $P(X=r \mid X+Y=n)$ を求めよ．さらにそのとき，X の条件付き平均，条件付き分散を求めよ．

4.10 X と Y は独立な確率変数であり，それぞれ母数が p, q ($0 < p, q < 1$) の幾何分布 $Geo(p), Geo(q)$ に従うとする．

(1) 整数 $x=1,2,\cdots$ に対して，確率 $P(X \geq x)$ を求めよ．

(2) $Z=\min(X,Y)$ とおくとき，整数 $z=1,2,\cdots$ に対して，確率 $P(Z \geq z)$ を求めよ．Z はどんな分布に従うか．

(3) 平均 $E(Z)$ と分散 $V(Z)$ を求めよ．

4.11 確率変数 X, Y, Z は独立で，平均 0，分散 1 をもつ分布に従うとする．定数 a, b, c, d, e に対して，次の 2 つの確率変数を考える：
$$S = a + bZ + eX, \qquad T = c + dZ + eY.$$
そのとき，S, T の平均，分散，共分散を求めよ．さらに，相関係数を求めよ．

4.12 Z_1, Z_2 は独立な確率変数で，その平均と分散は
$$E(Z_1) = E(Z_2) = 0, \qquad V(Z_1) = V(Z_2) = \sigma^2$$
であるとする．実定数 λ に対して，確率変数
$$X(t) = Z_1 \cos \lambda t + Z_2 \sin \lambda t \qquad (0 \leq t < \infty)$$
を考える．次の問に答えよ．

(1) $X(t)$, $X(t+s)$ ($s > 0$) の平均，分散，共分散を求めよ．

(2) その相関係数を求め，それが t によらないことを示せ．

(3) 相関係数を s の関数と見なすとき，そのグラフを図示せよ．

4.13 $X_1, X_2, \cdots, X_n$ はポアソン分布 $Po(\lambda)$ に従う独立な確率変数とする．それらの和 $X_1 + X_2 + \cdots + X_n$ の分布を求めよ．

4.14 $X_1, X_2, \cdots, X_n$ は指数分布 $Ex(\lambda)$ に従う独立な確率変数とする．それらの和 $X_1 + X_2 + \cdots + X_n$ の分布を求めよ．

5章　母集団とその標本

5.1　母集団と標本

　統計学では集められたデータによって，何らかの結論を導いていく．データを集める対象の全体を**母集団**（population）という．母集団は少ないものから多いものまで存在し，有限のものを有限母集団，無限のものを無限母集団という．統計調査において，有限母集団のすべての対象を調べることを全数調査という．有限母集団であってもそれを構成する個体の数が非常に多くてすべてを調べることが不可能な場合があり，無限母集団ではすべての個体を調べることは不可能であるから，適当な数の個体を取り出して調査し，それらによって母集団全体の性質を推測する必要が生じる．このとき母集団から取り出される個体またはそのデータを**標本**（sample）といい，その調査を**標本調査**という．母集団と標本とは次のページの図5.1のような関係になっている．標本を用いて母集団の性質を推測することを統計的推測という．

　母集団から標本を取り出すことを**標本抽出**（sampling）といい，抽出された標本の数を**標本の大きさ**という．抽出された標本を用いて母集団の性質（ある特性値）を推測するためには，独立な観測を行って偏りのないデータを取り出す必要がある．このように，独立に標本を抽出する方法を無作為抽出といい，無作為抽出された標本を**無作為標本**（random sample）という．無作為標本を得るには，母集団のすべてのデータが同程度に均等に選ばれる必要があり，そのために乱数が用いられる．乱数を発生させる方法としては，乱数サイと呼ばれる正20面体のサイコロを用いる方法や，コンピュータを用いて疑似乱数を発生させる方法などがある．

　無作為抽出によってデータを取り出す場合に，復元抽出と非復元抽出が考

えられる．復元抽出は取り出したデータを母集団に戻して，再び最初と同じ母集団からデータを取り出す方法であり，非復元抽出は取り出したデータを元に戻さずに，次にそれ以外のデータを選び出す方法である．

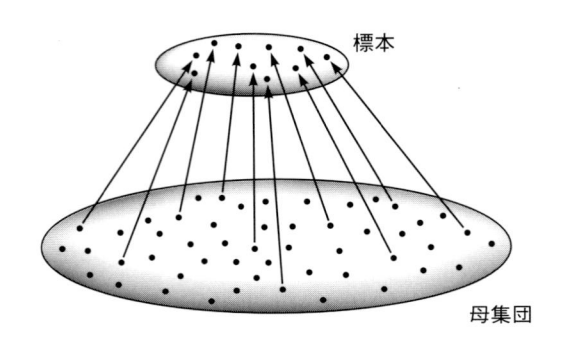

図 5.1 母集団と標本

問 5.1 赤いボールが 14 個，白いボールが 16 個入った壺から無作為に 5 個のボールを順次取り出す．復元抽出の場合と，非復元抽出の場合において，赤 赤 白 赤 白 の順にボールが得られる確率を求めよ．

5.2 標本と統計量

ある母集団を観測して，大きさ n の標本 $X_1, X_2, \cdots, X_n$ を得たときに，それらによって母集団の特性値（母数）を推測することについて考える．母集団の個体をすべて調べるのではなく，得られた標本だけによって母集団の特性値を推測するのであるから，どのようなデータを得たかにより（同じ母集団に対しても）異なる見方がなされる．推測に用いられる標本 $X_1, X_2, \cdots, X_n$ の関数 $T(X_1, X_2, \cdots, X_n)$ を**統計量**という．

[A] 標本平均と標本分散

大きさ n の無作為標本 $X_1, X_2, \cdots, X_n$ は，数学的には，独立な同一分布に従う n 個の確率変数である．確率変数 X はこれらの標本と同じ もとの分

布に従うとする．この X の平均 $E(X) = \mu$, 分散 $V(X) = \sigma^2$ をそれぞれ**母平均, 母分散**という．それに対してよく用いられる統計量としては，標本平均 $\bar{X}$, 標本分散 S^2, **不偏分散** U^2 がある：

$$\bar{X} = \frac{1}{n} \sum_{i=1}^{n} X_i, \quad S^2 = \frac{1}{n} \sum_{i=1}^{n} (X_i - \bar{X})^2, \quad U^2 = \frac{1}{n-1} \sum_{i=1}^{n} (X_i - \bar{X})^2.$$

定理 5.1 $X_1, X_2, \cdots, X_n$ は平均 μ, 分散 σ^2 をもつ分布からの無作為標本であるとする．そのとき，標本平均 $\bar{X}$ の平均と分散は次のようになる：

$$E(\bar{X}) = \mu, \qquad V(\bar{X}) = \frac{\sigma^2}{n}.$$

［証明］標本平均の数学的な平均は

$$E(\bar{X}) = \frac{1}{n} \sum_{i=1}^{n} E(X_i) = \mu$$

である．また，標本平均の数学的な分散は

$$V(\bar{X}) = E\{(\bar{X} - \mu)^2\} = E\left[\left\{\frac{1}{n} \sum_{i=1}^{n} (X_i - \mu)\right\}^2\right]$$

$$= \frac{1}{n^2} \sum_{i=1}^{n} \sum_{j=1}^{n} E\{(X_i - \mu)(X_j - \mu)\}$$

となる．ここで，$i \neq j$ に対して $E\{(X_i - \mu)(X_j - \mu)\} = 0$ であるから

$$V(\bar{X}) = \frac{1}{n^2} \sum_{i=1}^{n} E\{(X_i - \mu)^2\} = \frac{1}{n^2} n\sigma^2 = \frac{\sigma^2}{n}$$

となる． □

定理 5.2 $X_1, X_2, \cdots, X_n$ は平均 μ, 分散 σ^2 をもつ分布からの無作為標本であるとする．そのとき，標本分散 S^2 と不偏分散 U^2 の平均は

$$E(S^2) = \frac{n-1}{n} \sigma^2, \qquad E(U^2) = \sigma^2$$

である．

[証明] 母平均 μ からの散らばりの値 $V^2 = \dfrac{1}{n}\sum\limits_{i=1}^{n}(X_i-\mu)^2$ を考える．

$$E(V^2) = \frac{1}{n}\sum_{i=1}^{n}E\{(X_i-\mu)^2\} = \frac{1}{n}\sum_{i=1}^{n}\sigma^2 = \sigma^2$$

となる．また，

$$\begin{aligned}V^2 &= \frac{1}{n}\sum_{i=1}^{n}\{(X_i-\bar{X})+(\bar{X}-\mu)\}^2 \\ &= \frac{1}{n}\sum_{i=1}^{n}(X_i-\bar{X})^2 + (\bar{X}-\mu)^2 \\ &= S^2 + (\bar{X}-\mu)^2\end{aligned}$$

と式変形される．辺々の平均をとると，定理 5.1 より

$$\begin{aligned}\sigma^2 = E(V^2) &= E(S^2) + E\{(\bar{X}-\mu)^2\} \\ &= E(S^2) + V(\bar{X}) = E(S^2) + \frac{\sigma^2}{n}.\end{aligned}$$

ゆえに，標本分散 S^2 の平均が求まる：

$$E(S^2) = \sigma^2 - \frac{\sigma^2}{n} = \frac{n-1}{n}\sigma^2.$$

これから，不偏分散の平均も求まる：

$$E(U^2) = \sigma^2.$$

標本分散 S^2 の平均は母分散 σ^2 より小さくなる． □

例 5.1

$X_1, X_2, \cdots, X_n$ は分布関数が $F(x)$ である分布に従う無作為標本とする．区間 $(-\infty, x]$ に入る標本の個数を

$$N(x) = N(\{X_i \mid X_i \in (-\infty, x]\}) = N(\{X_i \mid X_i \le x\})$$

で表す．$N(x)$ の標本数 n に対する比率を

$$F_n(x) = \frac{N(x)}{n} = \frac{1}{n}N(\{X_i \mid X_i \le x\})$$

と表し，これを**経験分布関数**（empirical distribution function）という．このとき，$N(x)$ は二項分布 $Bin(n, F(x))$ に従うことを示せ．

【解】 標本が区間 $(-\infty, x]$ に入ることを成功，入らないことを失敗とし，新たな確率変数

を考えれば,
$$Y_i = \begin{cases} 1 & (X_i \in (-\infty, x] \text{ のとき}) \\ 0 & (X_i \notin (-\infty, x] \text{ のとき}) \end{cases}$$

$$N(x) = \sum_{i=1}^{n} Y_i, \qquad F_n(x) = \frac{1}{n} \sum_{i=1}^{n} Y_i$$

となる.成功と失敗の確率は,それぞれ
$$P(X_i \leq x) = F(x), \qquad P(X_i > x) = 1 - F(x)$$
であるから,度数 $N(x)$ は二項分布 $Bin(n, F(x))$ に従う. ◇

[B] 最大値と最小値の分布

データを大きさの順に並べて得られる**順序統計量**(order statistics):
$$X_{(1)} \leq X_{(2)} \leq \cdots \leq X_{(n)}$$
について考えよう.これに関連した統計量として,最小値 $X_{(1)}$,最大値 $X_{(n)}$,中央値 $X_{(\text{me})}$,範囲 $X_{(n)} - X_{(1)}$ がある.とくに,
$$X_{(1)} = \min(X_1, X_2, \cdots, X_n), \qquad X_{(n)} = \max(X_1, X_2, \cdots, X_n)$$
である.

定理 5.3 $X_1, X_2, \cdots, X_n$ は分布関数が $F(x)$ である分布からの無作為標本とする.その最大値の分布関数を $F_{(n)}(x)$,最小値の分布関数を $F_{(1)}(x)$ とするとき,
$$F_{(n)}(x) = \{F(x)\}^n, \qquad F_{(1)}(x) = 1 - \{1 - F(x)\}^n$$
が成り立つ.

[**証明**] $X_1, X_2, \cdots, X_n$ が独立であることから,最大値の分布関数は
$$\begin{aligned} F_{(n)}(x) &= P\{\max(X_1, X_2, \cdots, X_n) \leq x\} \\ &= P(X_1 \leq x, X_2 \leq x, \cdots, X_n \leq x) \\ &= P(X_1 \leq x) P(X_2 \leq x) \cdots P(X_n \leq x) \\ &= \{F(x)\}^n \end{aligned}$$
となる.また,最小値の分布関数は

$$F_{(1)}(x) = P\{\min(X_1, X_2, \cdots, X_n) \le x\}$$
$$= 1 - P\{\min(X_1, X_2, \cdots, X_n) > x\}$$
$$= 1 - P(X_1 > x, X_2 > x, \cdots, X_n > x)$$
$$= 1 - P(X_1 > x) P(X_2 > x) \cdots P(X_n > x)$$
$$= 1 - \{1 - F(x)\}^n$$

となる. □

例 5.2

一様分布 $U(a, b)$ に従う無作為標本 $X_1, X_2, \cdots, X_n$ の最大値, 最小値の分布関数を求めよ. とくに, $U(0, 1)$ のときにはどうなるか.

【解】 一様分布 $U(a, b)$ の分布関数は
$$F(x) = \frac{x-a}{b-a}, \qquad 1 - F(x) = \frac{b-x}{b-a}$$
であるから,
$$F_{(n)}(x) = \left\{\frac{x-a}{b-a}\right\}^n, \qquad F_{(1)}(x) = 1 - \left\{\frac{b-x}{b-a}\right\}^n.$$

一様分布 $U(0, 1)$ の分布関数は $F(x) = x$, $1 - F(x) = 1 - x$ であるから,
$$F_{(n)}(x) = x^n, \qquad F_{(1)}(x) = 1 - (1-x)^n$$
である. ◇

例 5.3

指数分布 $Ex(\lambda)$ に従う無作為標本 $X_1, X_2, \cdots, X_n$ の最大値と最小値の分布を求めよ.

【解】 指数分布 $Ex(\lambda)$ の分布関数は
$$F(x) = 1 - e^{-\lambda x}, \qquad 1 - F(x) = e^{-\lambda x}$$
であるから,
$$F_{(n)}(x) = (1 - e^{-\lambda x})^n, \qquad F_{(1)}(x) = 1 - (e^{-\lambda x})^n = 1 - e^{-n\lambda x}$$
である. これより, 最小値は指数分布 $Ex(n\lambda)$ に従うことがわかる. ◇

問 5.2 サイコロを 10 回投げるとき, 出る目の最大値が 5 以下である確率を求めよ.

5.3 大数の法則と中心極限定理

[A] チェビシェフの不等式

確率が関係する不等式を確率不等式という．次の不等式は確率変数の平均からのズレの確率が分散で抑えられることを意味している．

> **定理 5.4（チェビシェフの不等式）** 確率変数 X の平均が μ で分散が σ^2 であるとき，任意の正の数 ε に対して，
> $$P(|X-\mu| \geq \varepsilon) \leq \frac{\sigma^2}{\varepsilon^2},$$
> つまり，
> $$P(|X-\mu| < \varepsilon) \geq 1 - \frac{\sigma^2}{\varepsilon^2}$$
> が成り立つ．

[証明]　ここでは，密度関数 $f(x)$ をもつ連続分布で証明するが，離散分布の確率関数を使っても同様に証明できる．

$$|x-\mu| \geq \varepsilon \iff (x-\mu)^2 \geq \varepsilon^2 \iff x \leq \mu - \varepsilon, \text{ or } \mu + \varepsilon \leq x$$

であるから，

$$\sigma^2 = V(X) = E\{(X-\mu)^2\} = \int_{-\infty}^{\infty} (x-\mu)^2 f(x)\, dx$$
$$\geq \int_{-\infty}^{\mu-\varepsilon} (x-\mu)^2 f(x)\, dx + \int_{\mu+\varepsilon}^{\infty} (x-\mu)^2 f(x)\, dx$$
$$\geq \varepsilon^2 \left\{ \int_{-\infty}^{\mu-\varepsilon} f(x)\, dx + \int_{\mu+\varepsilon}^{\infty} f(x)\, dx \right\} = \varepsilon^2 P(|X-\mu| \geq \varepsilon)$$

が成立する．ゆえに，定理が導かれる． □

例 5.4

二項分布 $Bin(4, 0.25)$ において，$P(|X-\mu| \geq 2\sigma^2)$ を計算し，チェビシェフの不等式が成り立つことを確かめよ．

【解】　$n = 4$，$p = 0.25$ より，$\mu = np = 1$，$\sigma^2 = np(1-p) = 0.75$ となる．チェビシェフの不等式の左辺は

$$P(|X-\mu| \geq 2\sigma^2) = P(|X-1| \geq 1.5) = P(X \geq 2.5)$$
$$= P(X=3) + P(X=4)$$
$$= 4 \times (0.25)^3(0.75) + (0.25)^4 \fallingdotseq 0.05$$

である．チェビシェフの不等式の右辺は，$\varepsilon = 2\sigma^2$ であるから，

$$\frac{\sigma^2}{\varepsilon^2} = \frac{1}{4\sigma^2} = \frac{1}{3}$$

である．これよりチェビシェフの不等式が成立していることがわかる． ◇

[B] 大数の法則

平均 μ，分散 σ^2 をもつ分布からの無作為標本 $X_1, X_2, \cdots, X_n$ の標本平均に標本数 n の添え字を付けて $\bar{X}_n = \frac{1}{n}\sum_{i=1}^{n} X_i$ と表す．ここでは標本数 n が大きいときの標本平均 $\bar{X}_n$ の収束について考える．

定理 5.5（大数の法則） 平均 μ，分散 σ^2 をもつ分布からの無作為標本の標本平均 $\bar{X}_n$ は母平均 μ に確率収束する．すなわち，任意の正の数 $\varepsilon > 0$ に対して，

$$\lim_{n \to \infty} P(|\bar{X}_n - \mu| < \varepsilon) = 1$$

が成立する．これを $\bar{X}_n \to \mu$, $in\ P$ と書く．

[証明] 無作為標本の標本平均の平均と分散は $E(\bar{X}_n) = \mu$，$V(\bar{X}_n) = \dfrac{\sigma^2}{n}$ であるから，チェビシェフの不等式により，

$$0 \leq P(|\bar{X}_n - \mu| \geq \varepsilon) \leq \frac{\sigma^2}{n\varepsilon^2} \to 0 \quad (n \to \infty \text{ のとき})$$

が成り立つ．すなわち，

$$1 \geq P(|\bar{X}_n - \mu| < \varepsilon) \geq 1 - \frac{\sigma^2}{n\varepsilon^2} \to 1 \quad (n \to \infty \text{ のとき})$$

が成り立ち，定理が示された． □

[C] 中心極限定理

平均 μ, 分散 σ^2 である分布に従う無作為標本の標本平均 $\bar{X}_n$ の z-変換（標準化）を Z_n とする．このとき，

$$Z_n = \frac{\sqrt{n}(\bar{X}_n - \mu)}{\sigma}, \qquad E(Z_n) = 0, \qquad V(Z_n) = 1$$

である．つまり，Z_n の平均は 0 であり，分散は 1 であるが，一般には，その分布は標本数 n により変化する．しかし，標本数 n が大きくなると，Z_n の分布は標準正規分布 $N(0,1)$ に近づくことが知られている．ここで，Z を標準正規分布 $N(0,1)$ に従う確率変数とする．

定理 5.6（中心極限定理） 無作為標本の標本平均の z-変換 Z_n の分布は標準正規分布に近づく．すなわち，

$$\lim_{n\to\infty} P(Z_n \leq z) = \Phi(z) = \int_{-\infty}^{z} \varphi(x)\,dx = \int_{-\infty}^{z} \frac{1}{\sqrt{2\pi}}\, e^{-\frac{x^2}{2}}\,dx$$

が成立する．これを Z_n が Z に分布収束するといい，$Z_n \to Z,\ in\ D$ と書く．

例 5.5（二項分布の正規近似）

二項分布 $Bin(n,p)$ は，n が大きいとき，正規分布 $N(np, np(1-p))$ で近似されることを示せ．

【解】 二項分布は，$X_1, X_2, \cdots, X_n$ を成功の確率が p の n 個の独立なベルヌーイ試行 $Ber(p)$ の和 $\sum_{i=1}^{n} X_i$ の分布に等しいから，中心極限定理によって，その z-変換 Z_n は標準正規分布 $N(0,1)$ に分布収束する：

$$Z_n = \frac{\sqrt{n}(\bar{X}_n - p)}{\sqrt{p(1-p)}} \longrightarrow Z = N(0,1),\ in\ D.$$

ゆえに，和の分布，すなわち二項分布は正規近似される：

$$\sum_{i=1}^{n} X_i = n\bar{X}_n = \sqrt{np(1-p)}\, Z_n + np$$
$$\fallingdotseq \sqrt{np(1-p)}\, Z + np = N(np, np(1-p)). \qquad \diamondsuit$$

演習問題 5

5.1 乱数サイを投げるときに出る目の数を X とするとき，確率 $P(|X-4.5| \geq 3)$ を求めよ．また，この確率に対して，チェビシェフの不等式が成り立つことを確かめよ．

5.2 分布関数 $F(x)$ に従う無作為標本 $X_1, \cdots, X_n$ の経験分布関数 $F_n(x)$ の平均 $E\{F_n(x)\}$ と分散 $V\{F_n(x)\}$ を求めよ．

5.3 一様分布 $U(0,1)$ からの無作為標本 $T_1, \cdots, T_n$ に対して，その経験分布関数を $F_n(t)$ とする．新たな確率変数
$$B_n(t) = \sqrt{n}\{F_n(t) - t\}$$
は，$n \to \infty$ のとき，正規分布 $N(0, t(1-t))$ に分布収束することを示せ．

5.4 サイコロを5回投げるとき，出る目の数の最大値の分布を求めよ．

5.5 標準正規分布に従う大きさ n の無作為標本の最大値が 0 以下である確率を求めよ．

5.6 サイコロを 105 回投げるとき，出る目の数の平均が 4 以下である確率を正規近似によって求めよ．

5.7 指数分布 $Ex(\lambda)$ からの n 個の無作為標本の最小値 $X_{(1)}$ の平均と分散を求めよ．

5.8 ベルヌーイ分布 $Ber(p)$ に従う n 個の独立な確率変数の和は二項分布 $Bin(n,p)$ に従う．このことを用いて，二項分布 $Bin(400, 0.2)$ に従う確率変数 X について，$P(70 \leq X \leq 90)$ の近似値を求めよ．

6章　正規標本 と その関連分布

6.1　正規標本

この章では，母集団からの標本が正規分布に従う場合を考える．これを**正規母集団**ということがある．平均が μ, 分散が σ^2 である正規母集団からの無作為標本 $X_1, X_2, \cdots, X_n$ に対して，その標本平均 $\bar{X}$ と不偏分散 U^2

$$\bar{X} = \frac{1}{n}\sum_{i=1}^{n} X_i, \qquad U^2 = \frac{1}{n-1}\sum_{i=1}^{n}(X_i - \bar{X})^2$$

の分布に関する性質について調べる．

定理 6.1　標本平均 $\bar{X}$ は正規分布 $N\left(\mu, \dfrac{\sigma^2}{n}\right)$ に従う．

[証明]　例題 4.12 より $X_1 + X_2 + \cdots + X_n$ は正規分布 $N(n\mu, n\sigma^2)$ に従うので，$\bar{X}$ は正規分布 $N(\mu, \sigma^2/n)$ に従う． □

定理 6.2　標本平均 $\bar{X}$ と不偏分散 U^2 は独立である．

[証明]　不偏分散 U^2 は偏差 $X_i - \bar{X}$ の平方和を $n-1$ で割ったものである．そこで，任意の定数 $a_1, a_2, \cdots, a_n$ に対して，偏差の線形結合を考えると

$$Y = \sum_{i=1}^{n} a_i(X_i - \bar{X}) = \sum_{i=1}^{n}(a_i - \bar{a})X_i, \qquad \bar{a} = \frac{1}{n}\sum_{i=1}^{n} a_i$$

となるから，例題 4.10 により，Y は正規分布に従うことが示される．さらに，標本平均 $\bar{X}$ と Y との共分散は，

$$Cov(\bar{X}, Y) = Cov\left(\frac{1}{n}\sum_{i=1}^{n} X_i,\ \sum_{i=1}^{n}(a_i - \bar{a})X_i\right)$$

$$= \frac{1}{n}\sum_{i=1}^{n}\sum_{j=1}^{n}(a_j - \bar{a})\,Cov(X_i, X_j)$$

$$= \frac{1}{n}\sum_{i=1}^{n}(a_i - \bar{a})\,V(X_i) = \sigma^2 \frac{1}{n}\sum_{i=1}^{n}(a_i - \bar{a}) = 0$$

となる.ゆえに,$\bar{X}, Y$ は独立である.Y は任意の定数に対する線形結合であるから,例えば $a_i = 1, a_j = 0\ (j \neq i)$ ととれば標本平均と偏差 $X_i - \bar{X}$ が独立であることになる.したがって,$\bar{X}, U^2$ は独立である. □

6.2 正規標本に関連した分布

[A] カイ2乗分布 χ_n^2

$$\chi_n^2 = \overbrace{N(0,1)^2 + N(0,1)^2 + \cdots + N(0,1)^2}^{n}$$

標準正規分布 $N(0,1)$ に従う n 個の独立な確率変数 $Z_1, Z_2, \cdots, Z_n$ の2乗和を

$$X = Z_1^2 + Z_2^2 + \cdots + Z_n^2$$

とするとき,X の従う分布を**自由度 n のカイ2乗分布**(chi-square distribution)といい,記号 χ_n^2 で表す.

定理 6.3 自由度 n のカイ2乗分布 χ_n^2 はガンマ分布 $Ga(n/2, 2)$ に等しい:

$$\chi_n^2 = Ga\left(\frac{n}{2}, 2\right).$$

したがって,その密度関数は

$$f(x) = \frac{1}{\Gamma(n/2)\,2^{\frac{n}{2}}} x^{\frac{n}{2}-1} e^{-\frac{x}{2}} \qquad (x \geq 0)$$

である.また,その平均は $E(X) = n$,分散は $V(X) = 2n$ である.

[証明] 1) $n=1$ の場合: Z が標準正規分布に従うとき,$X=Z^2$ の分布関数は
$$F(x) = P(X \leq x) = P(Z^2 \leq x) = P(-x^{\frac{1}{2}} \leq Z \leq x^{\frac{1}{2}})$$
$$= 2\Phi(x^{\frac{1}{2}}) - 1 \qquad (x \geq 0)$$
である.両辺を微分し $\Gamma(1/2) = \sqrt{\pi}$ を考慮すれば,その密度関数は
$$f(x) = 2\varphi(x^{\frac{1}{2}})\frac{1}{2}x^{\frac{1}{2}-1} = 2\frac{1}{\sqrt{2\pi}}e^{-\frac{x}{2}}\frac{1}{2}x^{\frac{1}{2}-1} = \frac{1}{\Gamma(1/2)2^{\frac{1}{2}}}e^{-\frac{x}{2}}x^{\frac{1}{2}-1}$$
となり,ガンマ分布 $Ga(1/2, 2)$ の密度関数である.ゆえに,$n=1$ の場合は自由度1のカイ2乗分布 χ_1^2 とガンマ分布 $Ga(1/2, 2)$ は等しいことが証明できた.

2) 一般の n の場合: ガンマ分布 $Ga(n/2, 2)$ の積率母関数は
$$M_n(t) = \int_0^\infty e^{tx} \frac{1}{\Gamma(n/2)2^{\frac{n}{2}}} e^{-\frac{x}{2}} x^{\frac{n}{2}-1} dx$$
$$= \int_0^\infty \frac{1}{\Gamma(n/2)2^{\frac{n}{2}}} e^{-\frac{(1-2t)x}{2}} x^{\frac{n}{2}-1} dx$$
となり,変数変換 $y = (1-2t)x$, $dy = (1-2t)dx$ により,
$$M_n(t) = \int_0^\infty \frac{1}{\Gamma(n/2)2^{\frac{n}{2}}} e^{-\frac{y}{2}} \left(\frac{y}{1-2t}\right)^{\frac{n}{2}-1} \frac{dy}{1-2t}$$
$$= \left(\frac{1}{1-2t}\right)^{\frac{n}{2}} \int_0^\infty \frac{1}{\Gamma(n/2)2^{\frac{n}{2}}} e^{-\frac{y}{2}} y^{\frac{n}{2}-1} dy = \left(\frac{1}{1-2t}\right)^{\frac{n}{2}}$$
を得る.したがって,$n=1$ として,ガンマ分布 $Ga(1/2, 2)$ の積率母関数は
$$M(t) = M_1(t) = \left(\frac{1}{1-2t}\right)^{\frac{1}{2}}$$
である.$Z_1^2, Z_2^2, \cdots, Z_n^2$ はガンマ分布 $Ga(1/2, 2)$ に従う独立な確率変数であり,X はその和であるから,X の積率母関数は
$$M_X(t) = \{M(t)\}^n = \left(\frac{1}{1-2t}\right)^{\frac{n}{2}}$$
となる.これは,ガンマ分布 $Ga(n/2, 2)$ の積率母関数であるから,X はこの分布に従うことがわかる.また,平均と分散は,ガンマ分布の性質から,
$$E(X) = \frac{n}{2} \times 2 = n, \qquad V(X) = \frac{n}{2} \times 2^2 = 2n$$
である. □

第6章 正規標本とその関連分布

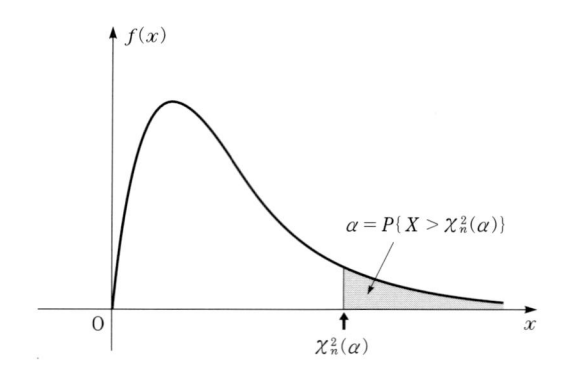

図6.1 カイ2乗分布

カイ2乗分布の密度関数のグラフは図6.1のようになる．陰影部分の面積は**上側確率** $P(X > x) = \alpha$ を表し，そのときの x の値を**上側 α 点**といい，記号 $\chi_n^2(\alpha)$ で表す．種々の α の値に対する $\chi_n^2(\alpha)$ の値は付表2：カイ2乗分布表に与えられている．例えば，自由度 $n = 8$ のカイ2乗分布の上側 $\alpha = 0.1$ 点は $\chi_8^2(0.1) = 13.362$ である．

定理 6.4 正規分布 $N(\mu, \sigma^2)$ からの無作為標本 $X_1, X_2, \cdots, X_n$ に対して，

$$Y = \frac{(n-1)U^2}{\sigma^2} = \frac{1}{\sigma^2} \sum_{i=1}^{n} (X_i - \bar{X})^2$$

は自由度 $n - 1$ のカイ2乗分布 χ_{n-1}^2 に従う．

[証明]　X_i の z-変換を Z_i とし，$\bar{X}$ の z-変換を Z とする：

$$Z_i = \frac{X_i - \mu}{\sigma} \quad (i = 1, \cdots, n) \, ; \quad Z = \frac{\sqrt{n}(\bar{X} - \mu)}{\sigma}.$$

次の等式

$$\sum_{i=1}^{n} (X_i - \mu)^2 = \sum_{i=1}^{n} (X_i - \bar{X})^2 + n(\bar{X} - \mu)^2$$

の両辺を σ^2 で割り，これを X とおくと

$$X = \sum_{i=1}^{n} Z_i{}^2 = \frac{\sum_{i=1}^{n}(X_i - \bar{X})^2}{\sigma^2} + \left\{\frac{\sqrt{n}(\bar{X} - \mu)}{\sigma}\right\}^2 = Y + Z^2$$

が成り立つ．ここで，$\bar{X}$ と U^2 は独立であるから，Y と Z^2 は独立である．さらに，X は自由度 n のカイ 2 乗分布に従い，Z^2 は自由度 1 のカイ 2 乗分布に従うから，X の積率母関数は

$$\left(\frac{1}{1-2t}\right)^{\frac{n}{2}} = E(e^{tX}) = E(e^{t(Y+Z^2)}) = E(e^{tY})E(e^{tZ^2}) = E(e^{tY})\left(\frac{1}{1-2t}\right)^{\frac{1}{2}}$$

となる．ゆえに，

$$E(e^{tY}) = \left(\frac{1}{1-2t}\right)^{\frac{n-1}{2}}$$

が示された．これは，自由度 $n-1$ のカイ 2 乗分布の積率母関数であるから，Y は χ_{n-1}^2 に従うことが証明された． □

問 6.1 カイ 2 乗分布表より，$\chi_{10}^2(0.1)$, $\chi_7^2(0.01)$, $\chi_{12}^2(0.05)$ の値を求めよ．

[B] ティー分布 t_n

$$t_n = \frac{N(0,1)}{\sqrt{\chi_n^2/n}}$$

X, Z は独立な確率変数で，Z は標準正規分布 $N(0,1)$ に従い，X は自由度 n のカイ 2 乗分布 χ_n^2 に従うとき，次の式で定義される確率変数 T は自由度 n の**ティー分布**（t-distribution）に従うといい，記号 t_n で表す：

$$T = \frac{Z}{\sqrt{X/n}}, \quad \text{記号表記では} \quad t_n = \frac{N(0,1)}{\sqrt{\chi_n^2/n}}.$$

この確率変数の密度関数は

$$f(x) = \frac{\Gamma\left(\dfrac{n+1}{2}\right)}{\sqrt{n\pi}\,\Gamma\left(\dfrac{n}{2}\right)}\left(1 + \frac{x^2}{n}\right)^{-\frac{n+1}{2}}$$

であり，$y = f(x)$ のグラフは y 軸に関して対称であり，$n \geq 2$ のとき，平均は $E(T) = 0$ で，$n \geq 3$ のとき，分散は $V(T) = n/(n-2)$ である．

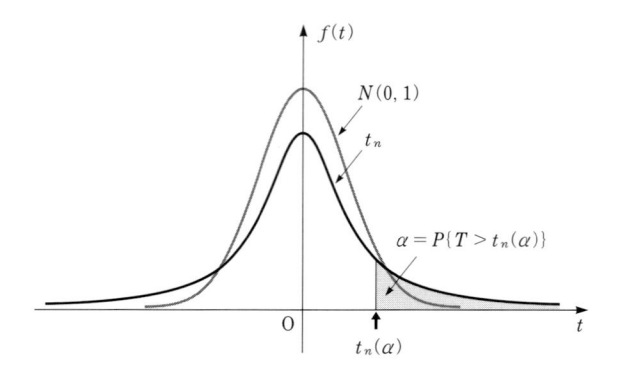

図 6.2 ティー分布

自由度 n のティー分布に従う確率変数 T の上側確率 $P(T>t)=\alpha$ を与える t の値を**上側 α 点**といい，$t_n(\alpha)$ で表す．密度関数が y 軸に関して対称であることから，両側の確率 $P(|T|>t)=\alpha$ を与える t の値である**両側 α 点**は $t_n(\alpha/2)$ となる．$t_n(\alpha)$ の値は付表3：ティー分布表から得ることができる．例えば，自由度 $n=10$ のティー分布の上側 $\alpha=0.05$ 点は $t_{10}(0.05)=1.812$ である．図6.2からわかるように，ティー分布の密度関数は標準正規分布の密度関数よりもすそが長いので，標準正規分布の上側 0.05 点 $z(0.05)=1.645$ と比べてティー分布の上側確率点は大きくなる．

以上から，標本平均 $\bar{X}$ と不偏分散 U^2 の基本定理は次のようになる．

定理 6.5 （1） $Z=\dfrac{\sqrt{n}(\bar{X}-\mu)}{\sigma}$ は標準正規分布 $N(0,1)$ に従う．

（2） $\dfrac{(n-1)U^2}{\sigma^2}$ は自由度 $n-1$ のカイ2乗分布に従う．

（3） 標本平均 $\bar{X}$ と不偏分散 U^2 は独立である．

（4） $T=\dfrac{\sqrt{n}(\bar{X}-\mu)}{U}$ は自由度 $n-1$ のティー分布 t_{n-1} に従う．

T は z-変換の σ を U で置き換えたもので **t-変換**という．

問 6.2 ティー分布表より，$t_{15}(0.01)$, $t_7(0.05)$, $t_{11}(0.1)$ の値を求めよ．

[C] エフ分布 F_n^m

$$F_n^m = \frac{\chi_m^2/m}{\chi_n^2/n}$$

X, Y は独立な確率変数で，それぞれ自由度 m のカイ 2 乗分布と自由度 n のカイ 2 乗分布に従うとき，次の式で定義される確率変数 F が従う分布を自由度 (m, n) の**エフ分布**（F-distribution）といい，記号 F_n^m で表す：

$$F = \frac{X/m}{Y/n}, \quad 記号表示では \quad F_n^m = \frac{\chi_m^2/m}{\chi_n^2/n}.$$

この密度関数は

$$f(x) = \frac{m}{n} \frac{\Gamma\left(\frac{m+n}{2}\right)}{\Gamma\left(\frac{m}{2}\right)\Gamma\left(\frac{n}{2}\right)} \frac{\left(\frac{m}{n}x\right)^{\frac{m}{2}-1}}{\left(\frac{m}{n}x+1\right)^{\frac{m+n}{2}}} \quad (x > 0)$$

で与えられる．

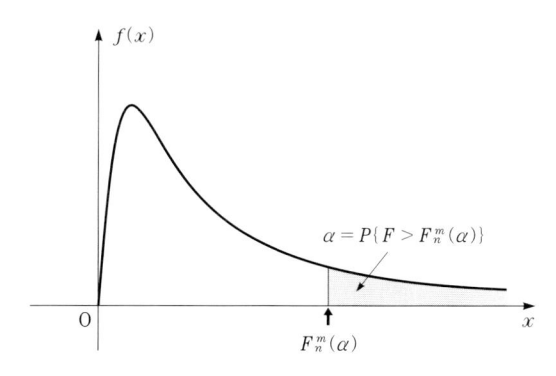

図 6.3 エフ分布

自由度 (m, n) のエフ分布に従う確率変数 F の上側確率 $P(F > x) = \alpha$ を与える x の値である**上側 α 点**を $F_n^m(\alpha)$ で表す．これは図 6.3 で陰影部分の面積が α であることを意味している．$F_n^m(\alpha)$ の値は付表 4：エフ分布表に与えられている．例えば $m = 5$，$n = 8$，$\alpha = 0.05$ のとき，表の $m = 5$ の列；$n = 8$ の行の値が $F_8^5(0.05) = 3.69$ である．

例 6.1

$0 < \alpha < 1$ に対して $F_m^n(1-\alpha) = \dfrac{1}{F_n^m(\alpha)}$ が成立することを示せ．

【解】 F は自由度 (m, n) のエフ分布に従う確率変数とするとき，エフ分布の定義から $1/F$ は自由度 (n, m) のエフ分布に従う．したがって，

$$\alpha = P\{F \geq F_n^m(\alpha)\} = P\left\{\frac{1}{F} \leq \frac{1}{F_n^m(\alpha)}\right\} = 1 - P\left\{\frac{1}{F} \geq \frac{1}{F_n^m(\alpha)}\right\}$$

となるから，$1/F$ の上側確率は

$$P\left\{\frac{1}{F} \geq \frac{1}{F_n^m(\alpha)}\right\} = 1 - \alpha, \quad \text{すなわち}, \quad F_m^n(1-\alpha) = \frac{1}{F_n^m(\alpha)}$$

が示された． ◇

例えば，エフ分布表には上側 0.95 点はないが，$F_m^n(0.05)$ を表から読みとり，$F_n^m(0.95) = 1/F_m^n(0.05)$ の関係から上側 0.95 点の値を求めることができる．

例 6.2

$X_1, X_2, \cdots, X_m$ は $N(\mu_1, \sigma_1^2)$ に従う無作為標本であり，$Y_1, Y_2, \cdots, Y_n$ は $N(\mu_2, \sigma_2^2)$ に従う無作為標本であるとし，それぞれは独立とする．このように，2種類の標本を取り扱う問題を **2標本問題** という．それぞれの標本平均を $\bar{X}, \bar{Y}$ とし，不偏分散を U_1^2, U_2^2 とする：

$$\bar{X} = \frac{1}{m}\sum_{i=1}^{m} X_i, \qquad U_1^2 = \frac{1}{m-1}\sum_{i=1}^{m}(X_i - \bar{X})^2,$$

$$\bar{Y} = \frac{1}{n}\sum_{i=1}^{n} Y_i, \qquad U_2^2 = \frac{1}{n-1}\sum_{i=1}^{n}(Y_i - \bar{Y})^2.$$

（1） 次の統計量はどのような分布に従うか．

(a) $\bar{X} + \bar{Y}$ (b) $\bar{X} - \bar{Y}$ (c) $\dfrac{U_1^2/\sigma_1^2}{U_2^2/\sigma_2^2}$

（2） $\sigma_1^2 = \sigma_2^2 = \sigma^2$ のとき，次の統計量はどのような分布に従うか．

(a) $\dfrac{(m+n-2)U^2}{\sigma^2}$, ただし $U^2 = \dfrac{(m-1)U_1^2 + (n-1)U_2^2}{m+n-2}$

（この U^2 を合併不偏分散という．）

(b) $\dfrac{(\bar{X}-\mu_1)-(\bar{Y}-\mu_2)}{U\sqrt{\dfrac{1}{m}+\dfrac{1}{n}}}$

【解】(1)(a) $\bar{X}, \bar{Y}$ は独立にそれぞれ $N(\mu_1, \sigma_1^2/m)$, $N(\mu_2, \sigma_2^2/n)$ に従うから,$\bar{X}+\bar{Y}$ は $N\!\left(\mu_1+\mu_2, \dfrac{\sigma_1^2}{m}+\dfrac{\sigma_2^2}{n}\right)$ に従う.

(b) (a)と同様に $N\!\left(\mu_1-\mu_2, \dfrac{\sigma_1^2}{m}+\dfrac{\sigma_2^2}{n}\right)$ に従う.

(c) $\dfrac{(m-1)U_1^2}{\sigma_1^2}$, $\dfrac{(n-1)U_2^2}{\sigma_2^2}$ は独立にそれぞれ $\chi^2_{m-1}, \chi^2_{n-1}$ に従うから,$\dfrac{U_1^2/\sigma_1^2}{U_2^2/\sigma_2^2}$ はエフ分布 F^{m-1}_{n-1} に従う.

(2)(a) $\dfrac{(m-1)U_1^2}{\sigma^2}$, $\dfrac{(n-1)U_2^2}{\sigma^2}$ は独立に $\chi^2_{m-1}, \chi^2_{n-1}$ に従うから,$\dfrac{(m+n-2)U^2}{\sigma^2}=\dfrac{(m-1)U_1^2+(n-1)U_2^2}{\sigma^2}$ は χ^2_{m+n-2} に従う.

(b) (1)の(b)より,$\dfrac{(\bar{X}-\mu_1)-(\bar{Y}-\mu_2)}{\sigma\sqrt{\dfrac{1}{m}+\dfrac{1}{n}}}$ は $N(0,1)$ に従う.したがって,(2)の(a)より,$\dfrac{(\bar{X}-\mu_1)-(\bar{Y}-\mu_2)}{U\sqrt{\dfrac{1}{m}+\dfrac{1}{n}}}$ はティー分布 t_{m+n-2} に従う.◇

演習問題 6

6.1 ある合板は量産されているとし,4層の板から成っている.それぞれの板層は外側の2層は平均 $0.5\,\mathrm{cm}$,標準偏差 $0.05\,\mathrm{cm}$ の正規分布に従う厚さをもち,内側の2層は平均 $0.3\,\mathrm{cm}$,標準偏差 $0.04\,\mathrm{cm}$ の正規分布に従う厚さをもつとき,各層の板をランダムに取って作った合板の厚さの分布を求めよ.

6.2 平均8,標準偏差4の正規分布に従う母集団から得られた大きさ10の無作為標本に対して,その標本平均 $\bar{X}$ が母平均8と2以上離れる確率を求めよ.また,その確率についてチェビシェフの不等式が成り立つことを確かめよ.

6.3 正規分布表から次の値を求めよ．

    (1) $z(0.1)$ (2) $z(0.9)$ (3) $z(0.05)$ (4) $z(0.95)$

6.4 カイ2乗分布表から次の値を求めよ．

    (1) $\chi^2_7(0.1)$ (2) $\chi^2_{11}(0.9)$ (3) $\chi^2_{10}(0.05)$ (4) $\chi^2_{10}(0.95)$

6.5 ティー分布表から次の値を求めよ．

    (1) $t_7(0.1)$ (2) $t_{11}(0.9)$ (3) $t_{10}(0.05)$ (4) $t_{10}(0.95)$

また，それらと **6.3** の正規分布の値とを比較せよ．

6.6 エフ分布表から次の値を求めよ．

    (1) $F^5_7(0.05)$ (2) $F^{10}_{12}(0.05)$ (3) $F^7_{10}(0.95)$ (4) $F^{12}_{10}(0.95)$

6.7 X が自由度 $n>2$ のカイ2乗分布 χ^2_n に従うとき，$E(1/X)$ を求めよ．

6.8 確率変数 T は自由度 $n>2$ のティー分布 t_n に従い，確率変数 F は自由度 (m,n) のエフ分布に従うとする．ティー分布とエフ分布の定義と前問を使って

$$E(T^2)=\frac{n}{n-2},\qquad E(F)=\frac{n}{n-2}$$

であることを示せ．

7章 推定

7.1 推定量とその性質

 統計的推定とは，母集団から取り出した標本を使って，母集団の ある特性値（これを**母数**と呼ぶ）について推定することである．母数 θ の値を推定するとき，「θ の値は○○である」というように1点で推定する**点推定**（point estimation）と呼ばれる推定方式と「θ の値は△△と××との間にある」というように範囲を定める**区間推定**（interval estimation）と呼ばれる推定方式がある．

 はじめに，点推定について述べよう．$X_1, X_2, \cdots, X_n$ はある分布 F_θ に従う大きさ n の無作為標本であるとする．ここで，分布に含まれる θ はその値がわからない母数であり，この未知母数 θ を無作為標本の関数，すなわち統計量 $T(X_1, X_2, \cdots, X_n)$ によって点推定する．実際には，観測された標本値 $x_1, x_2, \cdots, x_n$ によって，「母数の推定値は $t = T(x_1, x_2, \cdots, x_n)$ である」と1点を推定するのである．このとき，推定のために用いられる統計量 $T = T(X_1, X_2, \cdots, X_n)$ を**推定量**（estimator）といい，データから得られる推定量の具体的な値 t を**推定値**（estimate）という．標本数 n を添字として付けて推定量を $T_n = T_n(X_1, \cdots, X_n)$ と表すこともある．

例 7.1

 $X_1, X_2, \cdots, X_n$ はある分布からの無作為標本であるとし，その母平均 $\mu = E(X_i)$ が未知であるとして，μ を推定する（つまり，上の θ にあたるものを μ と考える）．母平均 μ を標本平均 $\bar{X} = \dfrac{1}{n}\sum_{i=1}^{n} X_i$ によって推定するとき，統計量 $T = \bar{X}$ は未知母数 μ の推定量であるということになる．実

際に，

$$n = 5: \quad x_1 = -3, \quad x_2 = 4, \quad x_3 = 1, \quad x_4 = 2, \quad x_5 = -2$$

であるならば，μ の推定値は $\bar{x} = 0.4$ である． ◇

次に，推定量はどのような性質をもつことが望ましいかを考えてみよう．

[A] **不偏性**(unbiasedness)

推定量 T が θ の**不偏推定量**(unbiased estimator)であるとは
$$E(T) = \theta$$
が成り立つことをいう．これは，推定値 $t = T(x_1, \cdots, x_n)$ は母数 θ と隔たりがあっても，T によって何度も推定値を求めれば母数 θ のまわりに均等に分布し，平均的には母数と隔たりがないことを意味している．

[B] **一致性**(consistency)

推定量 T_n が θ の**一致推定量**(consistent estimator)であるとは，T_n が θ に確率的に収束する，すなわち，
$$\lim_{n \to \infty} P(|T_n - \theta| < \varepsilon) = 1 \quad (任意の \ \varepsilon > 0 \ に対して)$$
が成り立つことをいい，
$$T_n \to \theta, \quad in \ P$$
と表す．これは，標本数 n が大きいとき，推定量 T_n は母数 θ のまわりに十分近く集中してくることを意味する．

[C] **有効性**(efficiency)

T が θ の不偏推定量であるとき $E(T) = \theta$ であるから，推定量と母数のずれの大きさ $|T - \theta|$ の 2 乗平均は T の分散である：
$$V(T) = E\{(T - \theta)^2\}.$$
したがって，不偏推定量はその分散 $V(T)$ が小さい方がよいということになる．そこで，不偏推定量 T と T' に対して，$V(T) < V(T')$ であるとき，T は T' よりも有効な推定量であるという．

また，不偏推定量の中で分散を最小にするものが存在するとき，それを θ の**有効推定量**（efficient estimator）という．

次の 2 つの例では母平均の推定について考える．

例 7.2

$X_1, X_2, \cdots, X_n$ は平均 μ，分散 σ^2 をもつ分布からの無作為標本であるとする．このとき，標本平均 $\bar{X}_n$ は母平均 μ の不偏推定量であり，かつ一致推定量であることを示せ．

【解】 標本平均の数学的平均は
$$E(\bar{X}_n) = \frac{1}{n} E(X_1 + X_2 + \cdots + X_n)$$
$$= \frac{1}{n}(n\mu) = \mu$$
であるから，$\bar{X}_n$ は μ の不偏推定量である．

また，大数の法則（定理 5.5）により，任意の $\varepsilon > 0$ に対して
$$\lim_{n\to\infty} P(|\bar{X}_n - \mu| < \varepsilon) = \lim_{n\to\infty} P\Big(\Big|\frac{1}{n}(X_1 + \cdots + X_n) - \mu\Big| < \varepsilon\Big) = 1$$
が成立する．これは $\bar{X}_n$ が μ の一致推定量であることを示している． ◇

例 7.3（前例の続き）

推定量 T が標本の線形結合 $T = a_1 X_1 + a_2 X_2 + \cdots + a_n X_n$ であるとき，線形推定量という．このとき，次のことを示せ．

（1） T が μ の不偏推定量であるならば $a_1 + a_2 + \cdots + a_n = 1$ が成り立つ．

（2） μ の不偏な線形推定量の中で最も有効な推定量は標本平均である．

【解】（1） T が μ の不偏推定量であるならば，
$$E(T) = (a_1 + a_2 + \cdots + a_n)\mu = \mu$$
が任意の μ に対して成り立つから，
$$a_1 + a_2 + \cdots + a_n = 1$$
が成立する．

（2） T の分散は
$$V(T) = a_1^2\, V(X_1) + a_2^2\, V(X_2) + \cdots + a_n^2\, V(X_n)$$
$$= (a_1^2 + a_2^2 + \cdots + a_n^2)\sigma^2$$
である．ゆえに，**最良線形不偏推定量**（best linear unbiased estimator, BLUE）を求めるには $a_1 + a_2 + \cdots + a_n = 1$ の条件の下で，$a_1^2 + a_2^2 + \cdots + a_n^2$ を最小にする係数 $a_1, a_2, \cdots, a_n$ を求めればよいことになる．
$$\sum_{i=1}^{n} a_i^2 = \sum_{i=1}^{n} \left\{\left(a_i - \frac{1}{n}\right) + \frac{1}{n}\right\}^2 = \sum_{i=1}^{n}\left(a_i - \frac{1}{n}\right)^2 + \frac{1}{n}$$
であるから，$a_1^2 + a_2^2 + \cdots + a_n^2$ を最小にするには $a_1 = a_2 = \cdots = a_n = 1/n$ ととればよい．すなわち，標本平均は線形不偏推定量の中で最も有効な推定量である． ◇

例 7.3 において，$X_1, X_2, \cdots, X_n$ が正規分布 $N(\mu, \sigma^2)$ からの無作為標本であるときには，標本平均は母平均の有効推定量であることが知られている．

次の2つの例では母分散の推定について考える．

例 7.4

$X_1, X_2, \cdots, X_n$ は平均 μ，分散 σ^2 をもつ分布からの無作為標本とする．このとき，次の問に答えよ．

（1） μ の値が既知のとき，$V^2 = \dfrac{1}{n}\sum_{i=1}^{n}(X_i - \mu)^2$ は σ^2 の不偏推定量か．

（2） μ の値が未知のとき，標本分散 $S^2 = \dfrac{1}{n}\sum_{i=1}^{n}(X_i - \bar{X})^2$ は σ^2 の不偏推定量か．また，このとき不偏分散 $U^2 = \dfrac{1}{n-1}\sum_{i=1}^{n}(X_i - \bar{X})^2$ は σ^2 の不偏推定量か．

【解】 （1） V^2 の平均をとると，
$$E(V^2) = \frac{1}{n}\sum_{i=1}^{n} E\{(X_i - \mu)^2\} = \frac{1}{n}\sum_{i=1}^{n} \sigma^2 = \sigma^2$$
が成立するので V^2 は母分散 σ^2 の不偏推定量である．

（2） V^2 を S^2 に変形すると，
$$V^2 = \frac{1}{n}\sum_{i=1}^{n}\{(X_i - \bar{X}) + (\bar{X} - \mu)\}^2$$
$$= \frac{1}{n}\sum_{i=1}^{n}(X_i - \bar{X})^2 + (\bar{X} - \mu)^2 = S^2 + (\bar{X} - \mu)^2$$
となる．したがって，両辺の平均をとれば，
$$E(V^2) = E(S^2) + E\{(\bar{X} - \mu)^2\} = E(S^2) + V(\bar{X}).$$
ところが，$E(V^2) = \sigma^2$，$V(\bar{X}) = \sigma^2/n$ であるから，
$$E(S^2) = \sigma^2 - \frac{\sigma^2}{n} = \frac{n-1}{n}\sigma^2 < \sigma^2$$
が成立し，S^2 は母分散 σ^2 の不偏推定量ではない．また，$U^2 = \dfrac{n}{n-1}S^2$ であるから，
$$E(U^2) = \frac{n}{n-1}E(S^2) = \sigma^2$$
が成立し，U^2 は母分散 σ^2 の不偏推定量である． ◇

例 7.5（前例の続き）

ここでは，推定量の一致性を考えるために，推定量 V^2, S^2, U^2 に下付き添字として，標本数 n を付けて V_n^2, S_n^2, U_n^2 と表す．次の問に答えよ．

（1） μ の値が既知のとき，V_n^2 は母分散の一致推定量か．

（2） μ の値が未知のとき，S_n^2 および U_n^2 は母分散の一致推定量か．

【解】（1） 大数の法則（定理 5.5）により，
$$V_n^2 = \frac{1}{n}\sum_{i=1}^{n}(X_i - \mu)^2 \to E\{(X - \mu)^2\} = V(X) = \sigma^2, \quad in\ P$$
が成り立つ．これは，V_n^2 が母分散の一致推定量であることを示している．

（2） 大数の法則から，
$$\bar{X}_n \to \mu, \quad in\ P, \qquad \text{ゆえに，} \quad (\bar{X}_n - \mu)^2 \to 0, \quad in\ P$$
であるので，関係式 $V_n^2 = S_n^2 + (\bar{X}_n - \mu)^2$ より，
$$S_n^2 \to \sigma^2, \quad in\ P$$
である．すなわち，S_n^2 は母分散の一致推定量である．同様に，S_n^2 と U_n^2 の関係式から，U_n^2 も母分散の一致推定量である． ◇

問 7.1 $X_1, X_2, \cdots, X_m$ を正規分布 $N(\mu_1, \sigma^2)$ に従う大きさ m の無作為標本とし,その不偏分散を U_1^2 とする.また,$Y_1, Y_2, \cdots, Y_n$ を正規分布 $N(\mu_2, \sigma^2)$ に従う大きさ n の無作為標本とし,その不偏分散を U_2^2 とする.

(1) c_1, c_2 を定数とするとき,$c_1 U_1^2 + c_2 U_2^2$ が σ^2 の不偏推定量となるために c_1, c_2 が満たすべき条件を求めよ.

(2) $c_1 U_1^2 + c_2 U_2^2$ の形をした σ^2 の不偏推定量のうちで最も有効な推定量を求めよ.

ヒント:$(m-1)U_1^2/\sigma^2$ および $(n-1)U_2^2/\sigma^2$ は自由度がそれぞれ $m-1$,$n-1$ のカイ2乗分布に従うことを用いよ(定理 6.4).

7.2 モーメント法と最尤法

ここではモーメント法と最尤法という2つの推定法について述べる.

[A] モーメント法(moment method)

確率変数 X の平均 μ,分散 σ^2 は2つの未知母数 (θ_1, θ_2) の関数として,
$$E(X) = \mu(\theta_1, \theta_2), \qquad V(X) = \sigma^2(\theta_1, \theta_2)$$
と表されているとする.この分布に従う大きさ n の無作為標本を $X_1, X_2, \cdots, X_n$ とするとき,標本平均 $\bar{X}$,標本分散 S^2 はそれぞれ母平均 μ,母分散 σ^2 の推定量であることをみてきた.そこで,連立方程式
$$\mu(\theta_1, \theta_2) = \bar{X}, \qquad \sigma^2(\theta_1, \theta_2) = S^2$$
を未知母数 θ_1, θ_2 についてといた解
$$T_1 = T_1(X_1, \cdots, X_n), \qquad T_2 = T_2(X_1, \cdots, X_n)$$
を θ_1, θ_2 の推定量とする方法を**モーメント法**という.

一般にモーメント法は,未知母数 $\boldsymbol{\theta} = (\theta_1, \theta_2, \cdots, \theta_k)$ に対して,k 次までの標本モーメント $M_1, M_2, \cdots, M_k$ と数学的モーメント $m_1, m_2, \cdots, m_k$ を求めてそれらを等しいとおいた k 元連立方程式をたて,それを $\boldsymbol{\theta}$ についてといた解を $\boldsymbol{\theta}$ の推定量とするものである.

例 7.6

指数分布 $Ex(\lambda)$ の密度関数は
$$f(x) = \lambda e^{-\lambda x}, \quad x > 0 \quad (\lambda > 0)$$
である．モーメント法による λ の推定量を求めよ．

【解】 X を指数分布 $Ex(\lambda)$ に従う確率変数とする．
$$E(X) = \int_0^\infty x\lambda e^{-\lambda x}\,dx = \frac{1}{\lambda}$$
であるから，方程式 $\dfrac{1}{\lambda} = \bar{X}$ を λ についてとくと，モーメント法による λ の推定量 $\hat{\lambda} = 1/\bar{X}$ を得る． ◇

例 7.7

平均 μ，分散 σ^2 が共に未知である ある分布に従う大きさ n の無作為標本を $X_1, X_2, \cdots, X_n$ とする．μ, σ^2 のモーメント法による推定量を求めよ．

【解】 原点まわりのモーメントによって連立方程式をたてるとしよう．
$$E(X^2) = E\{(X-\mu)^2\} + \mu^2 = \sigma^2 + \mu^2$$
より，連立方程式は
$$\mu = \bar{X}, \qquad \sigma^2 + \mu^2 = \frac{1}{n}\sum_{i=1}^n X_i^2$$
となる．これより，
$$\mu = \bar{X}, \qquad \sigma^2 = \frac{1}{n}\sum_{i=1}^n X_i^2 - \bar{X}^2 = S^2$$
を得る．したがって，標本平均 $\bar{X}$ および標本分散 S^2 が母平均 μ および母分散 σ^2 のモーメント法による推定量である． ◇

[B] 最尤法 (maximum likelihood method)

$X_1, X_2, \cdots, X_n$ を密度関数が未知母数 θ をもち，$f(x \mid \theta)$ と表されるような分布に従う無作為標本とする（標本が離散的な場合は $f(x \mid \theta)$ は確率関数とする）．そのとき，$(X_1, X_2, \cdots, X_n)$ の同時密度関数は
$$f_n(\boldsymbol{x} \mid \theta) = \prod_{i=1}^n f(x_i \mid \theta), \qquad \boldsymbol{x} = (x_1, x_2, \cdots, x_n)$$

である．この同時密度関数を θ の関数とみて $L_n(\theta)$ とおき，**尤度関数**（ゆうど）
（likelihood function）という：

$$L_n(\theta) = f_n(\boldsymbol{x} \mid \theta).$$

$\boldsymbol{x}$ の関数としての同時密度関数 $f_n(\boldsymbol{x} \mid \theta)$ は，母数が θ であるとき，標本値 $\boldsymbol{x} = (x_1, x_2, \cdots, x_n)$ の出やすさの程度を表している．逆に，θ の関数としての尤度関数 $L_n(\theta)$ は，観測値が $\boldsymbol{x}$ であるとき，母数を θ と推定する似つかわしさの程度を表している．

そこで，$\boldsymbol{x}$ を最も出現しやすくさせる θ，すなわち，観測値 $\boldsymbol{x}$ に対する似つかわしさの程度 $L_n(\theta)$ を最大にする θ を $\hat{\theta}_n$ として推定値にとり，これを θ の**最尤推定値**（さいゆう）という．この $\hat{\theta}_n$ は標本値 $\boldsymbol{x} = (x_1, x_2, \cdots, x_n)$ の関数であるので，$\hat{\theta}_n = \hat{\theta}_n(x_1, x_2, \cdots, x_n)$ と表したとき，$x_1, x_2, \cdots, x_n$ を $X_1, X_2, \cdots, X_n$ で置き換えて得られる推定量 $\hat{\theta}_n(X_1, X_2, \cdots, X_n)$ を θ の**最尤推定量**という．また，このようにして θ の推定量を求める方法を**最尤推定法**または単に**最尤法**という．

$L_n(\theta)$ を最大にするには，一般にその対数をとった**対数尤度関数**

$$l_n(\theta) = \log L_n(\theta) = \sum_{i=1}^{n} \log f(x_i \mid \theta)$$

を最大にすればよい．普通，最大最小問題は極大極小問題として微分して求める．すなわち，最大値を与える θ は

$$\dot{l}_n(\theta) = \frac{d\, l_n(\theta)}{d\theta} = \sum_{i=1}^{n} \frac{d}{d\theta} \log f(x_i \mid \theta) = 0$$

の解として求める．この方程式を**尤度方程式**という．最尤推定量は多くの望ましい性質をもっており，推定量として用いられることが多い．

例 7.8

$X_1, X_2, \cdots, X_n$ を指数分布 $Ex(\lambda)$ に従う無作為標本とする．λ の最尤推定量を求めよ．

【解】 指数分布 $Ex(\lambda)$ の密度関数は

$$f(x \mid \lambda) = \lambda e^{-\lambda x}$$

であるから，同時密度関数，すなわち，尤度関数は
$$L_n(\lambda) = f_n(\boldsymbol{x} \mid \lambda) = \prod_{i=1}^{n} \lambda\, e^{-\lambda x_i}$$
$$= \lambda^n \exp\!\left(-\lambda \sum_{i=1}^{n} x_i\right)$$
である．ゆえに，対数尤度関数は
$$l_n(\lambda) = \log L_n(\lambda) = n\log\lambda - \lambda \sum_{i=1}^{n} x_i$$
$$= n(\log\lambda - \lambda \bar{x}_n)$$
であり，これから尤度方程式は
$$\dot{l}_n(\lambda) = \frac{d\,l_n(\lambda)}{d\lambda} = n\!\left(\frac{1}{\lambda} - \bar{x}_n\right) = 0$$
となる．したがって，λ の最尤推定量は尤度方程式の解 $\widehat{\lambda}_n = 1/\bar{X}_n$ である．この場合はモーメント法による推定量と一致した． ◇

例 7.9

$X_1, X_2, \cdots, X_n$ を正規分布 $N(\mu, \sigma^2)$ からの無作為標本とする．次の場合に最尤推定量を求めよ．

（1） 分散 σ^2 が既知のとき，平均 μ の最尤推定量．

（2） 平均 μ が既知のとき，分散 σ^2 の最尤推定量．

（3） 平均 μ，分散 σ^2 が共に未知のとき，それらの最尤推定量．

【解】 同時密度関数は
$$f_n(\boldsymbol{x} \mid \mu, \sigma^2) = \prod_{i=1}^{n} \left(\frac{1}{\sqrt{2\pi}\,\sigma}\right) \exp\!\left\{-\frac{(x_i - \mu)^2}{2\sigma^2}\right\}$$
$$= \left(\frac{1}{\sqrt{2\pi}\,\sigma}\right)^n \exp\!\left\{-\frac{\sum_{i=1}^{n}(x_i - \mu)^2}{2\sigma^2}\right\}$$
である．

（1） 分散 σ^2 が既知のとき，平均 μ の対数尤度関数は
$$l_n(\mu) = -\frac{n}{2}\log(2\pi\sigma^2) - \frac{\sum_{i=1}^{n}(x_i - \mu)^2}{2\sigma^2}$$
である．したがって，尤度方程式は
$$\dot{l}_n(\mu) = \frac{1}{\sigma^2} \sum_{i=1}^{n}(x_i - \mu) = \frac{n}{\sigma^2}(\bar{x}_n - \mu) = 0$$

となり，最尤推定値はこの解 $\widehat{\mu}_n = \bar{x}_n$ であり，標本平均 $\bar{X}_n$ が母平均 μ の最尤推定量である．

（2） 平均 μ が既知のとき，分散 $\theta = \sigma^2$ の対数尤度関数は
$$l_n(\theta) = -\frac{n}{2}\log(2\pi\theta) - \frac{\sum_{i=1}^{n}(x_i - \mu)^2}{2\theta}$$
である．ゆえに，尤度方程式は
$$\dot{l}_n(\theta) = -\frac{n}{2\theta} + \frac{1}{2\theta^2}\sum_{i=1}^{n}(x_i - \mu)^2 = 0$$
となる．したがって，最尤推定値はこの解
$$\widehat{\theta}_n = \frac{1}{n}\sum_{i=1}^{n}(x_i - \mu)^2 = v^2$$
である．

（3） 平均 μ，分散 σ^2 が共に未知のとき，$\mu, \theta\,(=\sigma^2)$ の対数尤度関数は
$$l_n(\mu, \theta) = -\frac{n}{2}\log(2\pi\theta) - \frac{\sum_{i=1}^{n}(x_i - \mu)^2}{2\theta}$$
である．ゆえに，尤度方程式は
$$\frac{\partial l_n(\mu, \theta)}{\partial \mu} = \frac{n}{\theta}(\bar{x}_n - \mu) = 0,$$
$$\frac{\partial l_n(\mu, \theta)}{\partial \theta} = -\frac{n}{2\theta} + \frac{1}{2\theta^2}\sum_{i=1}^{n}(x_i - \mu)^2 = 0$$
となる．したがって，最尤推定値はこれらの解
$$\widehat{\mu}_n = \bar{x}_n, \qquad \widehat{\theta}_n = \frac{1}{n}\sum_{i=1}^{n}(x_i - \bar{x}_n)^2 = s_n^2$$
である．すなわち，平均 μ，分散 σ^2 の最尤推定量は標本平均 $\bar{X}_n$，標本分散 S_n^2 である． ◇

問7.2 $X_1, X_2, \cdots, X_n$ を次の分布に従う大きさ n の無作為標本とする．母数 θ の最尤推定量を求めよ．ただし，$\theta > 0$ であり，特に (1), (2) においては $0 < \theta < 1$ とする．

（1） 二項分布 $Bin(m, \theta)$

（2） 幾何分布 $Geo(\theta)$

（3） 密度関数が $f(x) = \theta x^{\theta-1}$ （$0 < x < 1$）である分布

7.3 区間推定

点推定は分布の未知母数 θ の値を1点で推定するものであった．この場合，無作為標本の実現値が変われば θ の推定値も変動する．推定値がどの程度真の θ の値に近いかの判断のためには推定量の分散が一つの指標になるが，厳密には推定量の分布が必要である．推定量の分布がわかっているときには**区間推定**とよばれる推定方式が考えられる．

与えられた確率 $1-\alpha$ に対して，2つの統計量 T_1, T_2 が次を満たす：
$$T_1 = T_1(X_1, X_2, \cdots, X_n) < T_2 = T_2(X_1, X_2, \cdots, X_n),$$
$$P(T_1 \leq \theta \leq T_2) = 1 - \alpha.$$
このとき，区間 $[T_1, T_2]$ を

信頼度 $100(1-\alpha)$ **％（または，$1-\alpha$）の信頼区間**

という．また，端点 T_1, T_2 を**信頼限界**という．多くの場合，α としては $0.1, 0.05, 0.01$ などを用いる．例えば，$\alpha = 0.05$ ならば信頼度 95％ の信頼区間を考えることになる．

[A] 平均 μ の区間推定

ここでは，$X_1, X_2, \cdots, X_n$ を正規分布 $N(\mu, \sigma^2)$ に従う無作為標本とする．そのとき，標本平均と不偏分散は独立で，それぞれの分布は
$$\bar{X} \sim N\left(\mu, \frac{\sigma^2}{n}\right), \qquad \frac{(n-1)U^2}{\sigma^2} \sim \chi^2_{n-1}$$
である（定理 6.1, 6.5）ことを用い，母平均 μ の区間推定を標本平均 $\bar{X}$ によって構成することを考える．その場合，母分散 σ^2 がわかっているか，わかっていないかにより，構成方法が異なる．

A1 分散 σ^2 が既知のとき

$$\left[\bar{X} - z(\alpha/2)\frac{\sigma}{\sqrt{n}},\ \bar{X} + z(\alpha/2)\frac{\sigma}{\sqrt{n}}\right]$$

定理 6.1 により標本平均 $\bar{X}$ は，正規分布 $N(\mu, \sigma^2/n)$ に従うので，その

z-変換

$$Z = \frac{\sqrt{n}(\bar{X} - \mu)}{\sigma}$$

は標準正規分布 $N(0,1)$ に従い,標準正規分布の上側 $\alpha/2$ 点 $z(\alpha/2)$ に対して,

$$P\{|Z| \leq z(\alpha/2)\} = 1 - \alpha$$

が成り立つ.したがって,

$$1 - \alpha = P\{|Z| \leq z(\alpha/2)\} = P\left\{\left|\frac{\sqrt{n}(\bar{X} - \mu)}{\sigma}\right| \leq z(\alpha/2)\right\}$$

$$= P\left\{\bar{X} - z(\alpha/2)\frac{\sigma}{\sqrt{n}} \leq \mu \leq \bar{X} + z(\alpha/2)\frac{\sigma}{\sqrt{n}}\right\}$$

が成立する.これは,未知である平均 μ が区間

$$\left[\bar{X} - z(\alpha/2)\frac{\sigma}{\sqrt{n}},\ \bar{X} + z(\alpha/2)\frac{\sigma}{\sqrt{n}}\right]$$

に含まれる確率が $1 - \alpha$ であることを示している.そこで,μ の信頼度 $100(1 - \alpha)$ % の信頼区間は

$$\left[\bar{X} - z(\alpha/2)\frac{\sigma}{\sqrt{n}},\ \bar{X} + z(\alpha/2)\frac{\sigma}{\sqrt{n}}\right]$$

であるという.

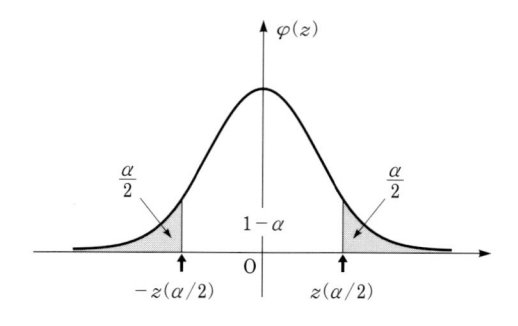

図7.1 両側 α 点

実際に,標本平均値 $\bar{x}$ が得られたときには,

$$\left[\bar{x} - z(\alpha/2)\frac{\sigma}{\sqrt{n}},\ \bar{x} + z(\alpha/2)\frac{\sigma}{\sqrt{n}}\right]$$

を μ の信頼度 $100(1-\alpha)$ ％ の信頼区間という．この信頼区間を信頼限界を使って

$$\bar{x} \pm z(\alpha/2)\frac{\sigma}{\sqrt{n}}$$

と表すこともある．

 α と $z(\alpha/2)$ との対応は標準正規分布表から求められ，$\alpha = 0.05$ のときには $z(0.025) = 1.960$，$\alpha = 0.01$ のときには $z(0.005) = 2.575$，また $\alpha = 0.10$ のときには $z(0.05) = 1.645$ である．

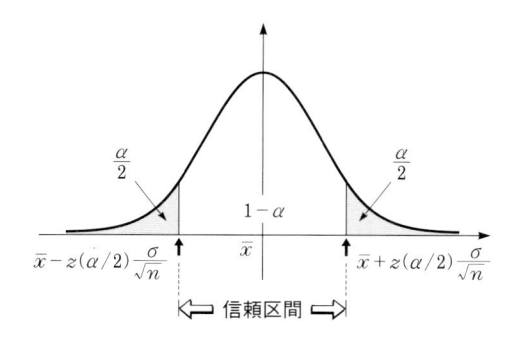

図7.2　$1-\alpha$ 信頼区間

例 7.10

ある機械で製造される製品の重さは正規分布に従い，その標準偏差は $0.36\,\mathrm{kg}$ であるという．

(1) この製品の中から 10 個を無作為に抽出し重さを測定した結果，その平均値は $8.12\,\mathrm{kg}$ であった．この製品の重さの平均を信頼度を 95 ％ として区間推定せよ．また，信頼度を 90 ％ として区間推定せよ．

(2) この製品の中から 20 個を無作為に抽出し重さを測定した結果，その平均値は $8.12\,\mathrm{kg}$ であった．この製品の重さの平均を信頼度 95 ％ として区間推定せよ．また，信頼度を 90 ％ として区間推定せよ．

(3) 信頼度を 95 ％ としてこの製品の重さの平均を区間推定するとき，信頼区間の幅が $0.2\,\mathrm{kg}$ 以下となるようにするためには標本の大きさをいくらにすればよいか．

【解】（1） $n=10$, $\bar{x}=8.12$, $\sigma=0.36$ である．信頼度が 95 ％ ならば $z(0.025)=1.960$ であるから，

$$\bar{x} \pm z(\alpha/2)\frac{\sigma}{\sqrt{n}} = 8.12 \pm 1.960 \times \frac{0.36}{\sqrt{10}} = 8.12 \pm 0.22$$

により，母平均の信頼区間は $[7.90, 8.34]$ である．

また，信頼度が 90 ％ ならば $z(0.05)=1.645$ であるから，

$$\bar{x} \pm z(\alpha/2)\frac{\sigma}{\sqrt{n}} = 8.12 \pm 1.645 \times \frac{0.36}{\sqrt{10}} = 8.12 \pm 0.19$$

により，母平均の信頼区間は $[7.93, 8.31]$ である．

（2） $n=20$, $\bar{x}=8.12$, $\sigma=0.36$ である．信頼度が 95 ％ ならば

$$\bar{x} \pm z(\alpha/2)\frac{\sigma}{\sqrt{n}} = 8.12 \pm 1.960 \times \frac{0.36}{\sqrt{20}} = 8.12 \pm 0.16$$

であるから，信頼区間は $[7.96, 8.28]$ である．

また，信頼度が 90 ％ ならば

$$\bar{x} \pm z(\alpha/2)\frac{\sigma}{\sqrt{n}} = 8.12 \pm 1.645 \times \frac{0.36}{\sqrt{20}} = 8.12 \pm 0.13$$

であるから，信頼区間は $[7.99, 8.25]$ である．

（3） 信頼区間の幅を $0.2\,\mathrm{kg}$ 以下とするために必要な標本の大きさを n とすると

$$2 \times 1.960 \times \frac{0.36}{\sqrt{n}} \leq 0.2$$

を満たさねばならない．これから

$$n \geq \left(\frac{2}{0.2} \times 1.960 \times 0.36\right)^2 = 49.8.$$

したがって，50 個の標本が必要である． ◇

例 7.10 の結果からもわかるように，信頼度が一定であれば，標本数 n が大きいほど信頼区間は狭くなり，同じ標本数では信頼度が大きいほど信頼区間は広くなる．

ここで信頼区間の意味を考えよう．標本から実際に得られる平均値 $\bar{x}$ は抽出される標本ごとに異なり，信頼区間 I は母平均 μ を含むことも含まないこともあるが，図 7.3 のように，例えば，標本の大きさ n を一定にし，

標本抽出を 100 回繰り返して平均値 $\bar{x}_1, \bar{x}_2, \cdots, \bar{x}_{100}$ を得たとき，これらの各点を中心としてつくられた区間

$$I_i = \left[\bar{x}_i - z(\alpha/2) \frac{\sigma}{\sqrt{n}}, \ \bar{x}_i + z(\alpha/2) \frac{\sigma}{\sqrt{n}} \right] \qquad (\,i = 1, 2, \cdots, 100\,)$$

のうち，μ を含むものが平均的に $100(1-\alpha)$ 個であることを意味している．

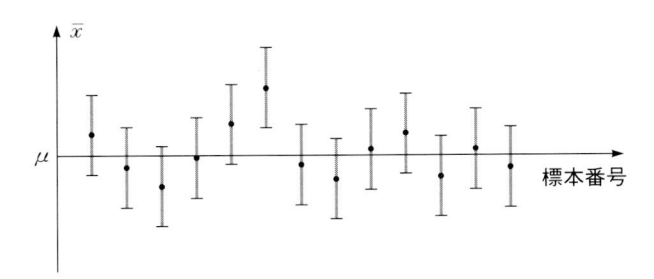

図 7.3 標本平均と信頼区間

これまでは，標本は正規分布に従うと仮定したが，正規標本でなくても標本数 n が十分大きいときには(n が 30 程度以上ならよい)，中心極限定理から

$$Z_n = \frac{\sqrt{n}(\bar{X} - \mu)}{\sigma} \to Z \sim N(0,1), \quad in \ D$$

により標準正規分布 $N(0,1)$ で近似できるので，分散 σ^2 の値がわかっているときには信頼度 $1-\alpha$ の信頼区間は次で近似できる：

$$\left[\bar{X}_n - z(\alpha/2) \frac{\sigma}{\sqrt{n}}, \ \bar{X}_n + z(\alpha/2) \frac{\sigma}{\sqrt{n}} \right].$$

また，分散 σ^2 の値がわからないときには，σ^2 の代わりに σ^2 の推定量である不偏分散

$$U_n^{\,2} = \frac{1}{n-1} \sum_{i=1}^{n} (X_i - \bar{X})^2$$

を用いればよい．したがって，このとき平均 μ の信頼度 $1-\alpha$ の信頼区間は次で近似できる：

$$\left[\bar{X}_n - z(\alpha/2) \frac{U_n}{\sqrt{n}}, \ \bar{X}_n + z(\alpha/2) \frac{U_n}{\sqrt{n}} \right].$$

例 7.11

ある中型車 64 台の軽油 1 リットル当たりの走行距離を調べたところその平均値は 14.53 km であり，不偏分散の値は $(1.28)^2\,(\mathrm{km})^2$ であった．この中型車の 1 リットル当たりの走行距離を信頼度 95 ％ で区間推定せよ．

【解】 分散 σ^2 の値は未知であるが $n = 64 > 30$ であるので分散の代わりに不偏分散の値 $u_n{}^2$ を用いる．

$$\bar{x}_n \pm z(0.025)\frac{u_n}{\sqrt{n}} = 14.53 \pm 1.960 \times \frac{1.28}{\sqrt{64}} = 14.53 \pm 0.31$$

により，信頼区間は $[14.22,\ 14.84]$ である． ◇

A 2　分散 σ^2 が未知のとき

$$\left[\bar{X} - t_{n-1}(\alpha/2)\frac{U}{\sqrt{n}},\ \bar{X} + t_{n-1}(\alpha/2)\frac{U}{\sqrt{n}}\right]$$

分散 σ^2 が未知のとき，前述の信頼区間は分散 σ^2 を含んでいるので使用できない．このときには分散の推定量である不偏分散 U^2 を用いた t-変換を行う．定理 6.5 により，

$$T = \frac{\sqrt{n}(\bar{X} - \mu)}{U} \sim t_{n-1}$$

である．したがって，自由度が $n-1$ のティー分布 t_{n-1} の上側 $\alpha/2$ 点を $t_{n-1}(\alpha/2)$ とすると

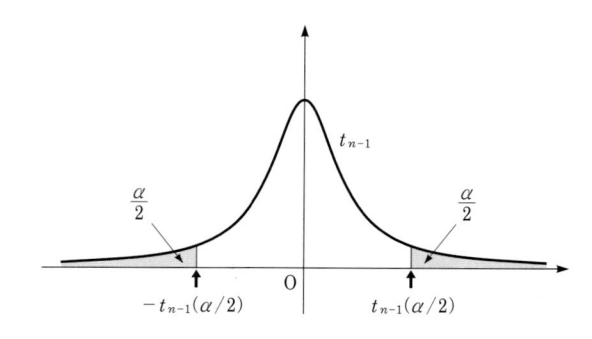

図 7.4　ティー分布の上側 $\alpha/2$ 点

$$P\left\{\left|\frac{\sqrt{n}(\bar{X}-\mu)}{U}\right|\leq t_{n-1}(\alpha/2)\right\}=1-\alpha$$

が成立する．これを μ について解くと

$$P\left\{\bar{X}-t_{n-1}(\alpha/2)\frac{U}{\sqrt{n}}\leq \mu \leq \bar{X}+t_{n-1}(\alpha/2)\frac{U}{\sqrt{n}}\right\}=1-\alpha$$

となる．ゆえに，μ の信頼度 $1-\alpha$ の信頼区間は

$$\left[\bar{X}-t_{n-1}(\alpha/2)\frac{U}{\sqrt{n}},\ \bar{X}+t_{n-1}(\alpha/2)\frac{U}{\sqrt{n}}\right]$$

である．したがって，実際に標本値に対して平均値 $\bar{x}$ と不偏分散値 u^2 を得たときには，μ の信頼度 $1-\alpha$ の信頼区間は

$$\left[\bar{x}-t_{n-1}(\alpha/2)\frac{u}{\sqrt{n}},\ \bar{x}+t_{n-1}(\alpha/2)\frac{u}{\sqrt{n}}\right]$$

である．これを信頼限界を使って表すと次のようになる：

$$\bar{x}\pm t_{n-1}(\alpha/2)\frac{u}{\sqrt{n}}.$$

参考 この結果を分散 σ^2 が既知である場合の結果と比較してみよう．分散 σ^2 が既知の場合には，z-変換 $Z=\dfrac{\sqrt{n}(\bar{X}-\mu)}{\sigma}$ が標準正規分布 $N(0,1)$ に従うので，信頼度 $1-\alpha$ の信頼区間は

$$\left[\bar{X}-z(\alpha/2)\frac{\sigma}{\sqrt{n}},\ \bar{X}+z(\alpha/2)\frac{\sigma}{\sqrt{n}}\right]$$

であった．一方，分散 σ^2 が未知の場合には，z-変換における σ を使えないので，σ^2 の代わりに σ^2 の推定量である不偏分散 U^2 を使い，t-変換 $T=\dfrac{\sqrt{n}(\bar{X}-\mu)}{U}$ を行う．この t-変換は自由度が $n-1$ のティー分布 t_{n-1} に従うので，信頼度が $1-\alpha$ に対し $z(\alpha/2)$ を $t_{n-1}(\alpha/2)$ で置き換え，信頼区間は

$$\left[\bar{X}-t_{n-1}(\alpha/2)\frac{U}{\sqrt{n}},\ \bar{X}+t_{n-1}(\alpha/2)\frac{U}{\sqrt{n}}\right]$$

となるのである．

▶**注** 標本数 n が一定のとき，信頼区間の幅は分散が既知のときには標本の値によらず一定であるが，分散が未知のときには標本の値によって異なる．

例 7.12

あるびん詰飲料から，無作為に 10 本のびんを抽出してその内容量を計ったところ，その平均値は 199.2 ml であり，不偏分散の値は $(2.7)^2$ $(ml)^2$ であった．この商品の平均内容量の信頼区間を求めよ．ただし，この商品の内容量は正規分布に従うものとし，信頼度は 95 ％ とする．

【解】 $n = 10$, $\bar{x} = 199.2$, $u = 2.7$, $\alpha = 0.05$ であり，$t_9(0.05/2) = 2.262$ であるから

$$\bar{x} \pm t_{n-1}(\alpha/2)\frac{u}{\sqrt{n}} = 199.2 \pm 2.262 \times \frac{2.7}{\sqrt{10}} = 199.2 \pm 1.9$$

となる．ゆえに，信頼区間は [197.3, 201.1] である． ◇

[B] 分散 σ^2 の区間推定

$$\left[\frac{(n-1)U^2}{\chi_{n-1}^2(\alpha/2)},\ \frac{(n-1)U^2}{\chi_{n-1}^2(1-\alpha/2)}\right]$$

無作為標本 $X_1, \cdots, X_n$ が正規分布 $N(\mu, \sigma^2)$ に従うとき，その不偏分散 U^2 の分布は定理 6.4 により

$$\frac{(n-1)U^2}{\sigma^2} = \frac{1}{\sigma^2}\sum_{i=1}^{n}(X_i - \bar{X})^2 \sim \chi_{n-1}^2$$

である．したがって，自由度が $n-1$ のカイ 2 乗分布 χ_{n-1}^2 の上側 α 点を $\chi_{n-1}^2(\alpha)$ と表すとき，

$$P\left\{\chi_{n-1}^2(1-\alpha/2) \leq \frac{(n-1)U^2}{\sigma^2} \leq \chi_{n-1}^2(\alpha/2)\right\} = 1 - \alpha$$

となる．これを σ^2 についてとくと

$$P\left\{\frac{(n-1)U^2}{\chi_{n-1}^2(\alpha/2)} \leq \sigma^2 \leq \frac{(n-1)U^2}{\chi_{n-1}^2(1-\alpha/2)}\right\} = 1 - \alpha$$

が成立する．ゆえに，母分散 σ^2 の信頼度 $1-\alpha$ の信頼区間は

$$\left[\frac{(n-1)U^2}{\chi_{n-1}^2(\alpha/2)},\ \frac{(n-1)U^2}{\chi_{n-1}^2(1-\alpha/2)}\right]$$

になる．

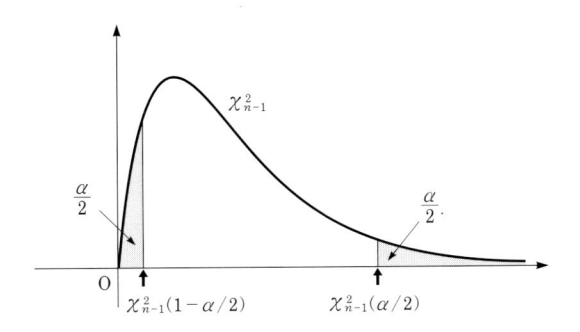

図 7.5 カイ 2 乗分布の上側 $1 - \alpha/2$ 点と $\alpha/2$ 点

例 7.13

10 個のバッテリーの容量を調べたところ次のような結果が得られた (単位 mAh):

1490 1410 1520 1440 1360 1400 1500 1470 1380 1430

信頼度を 0.95 として分散 σ^2 の信頼区間を求めよ. ただし, バッテリーの容量は正規分布に従うものとする.

【解】 標本平均値を $\bar{x}$, 不偏分散の値を u^2 とすると,

$$\bar{x} = \frac{1}{10}(1490 + 1410 + \cdots + 1430) = 1440,$$

$$u^2 = \frac{1}{9}\{(1490-1440)^2 + (1410-1440)^2 + \cdots + (1430-1440)^2\} = \frac{26000}{9}$$

である. したがって

$$\frac{(n-1)u^2}{\chi_9^2(0.025)} = \frac{26000}{19.023} = 1367, \qquad \frac{(n-1)u^2}{\chi_9^2(0.975)} = \frac{26000}{2.700} = 9630$$

となり, 信頼度 0.95 の母分散 σ^2 の信頼区間は $[1367, 9630]$ である. ◇

[C] 母比率の区間推定

$$\left[\hat{p} - z(\alpha/2)\sqrt{\frac{\hat{p}(1-\hat{p})}{n}}, \ \hat{p} + z(\alpha/2)\sqrt{\frac{\hat{p}(1-\hat{p})}{n}} \right]$$

母集団のある事象 A を考え, 母集団からの標本が A に属するとき $X =$

1, A に属さないとき $X=0$ とする:
$$X = \begin{cases} 1 & （標本が A に属するとき） \\ 0 & （標本が A に属さないとき）. \end{cases}$$

同じ操作の n 個の無作為標本を $X_1, \cdots, X_n$ とするとき，そのうち 1 であるものの個数 $Y = \sum_{i=1}^{n} X_i$ は A に属するものの個数を表し，その比率

$$\widehat{p} = \frac{Y}{n} = \frac{\sum_{i=1}^{n} X_i}{n} = \bar{X}_n$$

を**標本比率**という．それに対して，事象 A の母集団比率，すなわち，A の確率 $p = P(A)$ を**母比率**という．

このとき，和 Y は二項分布 $Bin(n,p)$ に従うので，
$$E(Y) = np, \qquad V(Y) = np(1-p)$$
であり，したがって，標本比率 $\widehat{p}$ に対しては
$$E(\widehat{p}) = p, \qquad V(\widehat{p}) = \frac{p(1-p)}{n}$$

となる．標本数 n が大きいときには $\widehat{p}$ の z-変換は

$$Z_n = \frac{\sqrt{n}(\widehat{p}-p)}{\sqrt{p(1-p)}} \to N(0,1), \quad in\ D$$

より，正規分布近似ができる．ゆえに，

$$P\left\{ \widehat{p} - z(\alpha/2)\sqrt{\frac{p(1-p)}{n}} \leq p \leq \widehat{p} + z(\alpha/2)\sqrt{\frac{p(1-p)}{n}} \right\} \fallingdotseq 1-\alpha$$

が得られる．大数の法則によって n が十分大きいときには，$\widehat{p}$ は p に近いとみなしてよいから，上下の信頼限界の項に現れる $p(1-p)$ を $\widehat{p}(1-\widehat{p})$ で置き換えることによって

$$P\left\{ \widehat{p} - z(\alpha/2)\sqrt{\frac{\widehat{p}(1-\widehat{p})}{n}} \leq p \leq \widehat{p} + z(\alpha/2)\sqrt{\frac{\widehat{p}(1-\widehat{p})}{n}} \right\} \fallingdotseq 1-\alpha$$

が成立する．そこで，この区間

$$\left[\widehat{p} - z(\alpha/2)\sqrt{\frac{\widehat{p}(1-\widehat{p})}{n}},\ \widehat{p} + z(\alpha/2)\sqrt{\frac{\widehat{p}(1-\widehat{p})}{n}} \right]$$

を母比率 p の信頼度 $1-\alpha$ の信頼区間という．

例 7.14

ある保険会社の自動車保険加入者の中から，1500 人を調査した結果，288 人が過去 3 年間に少なくとも 1 回自動車事故を起こしていた．この保険会社の自動車保険加入者のうち過去 3 年間に少なくとも 1 回自動車事故を起こした人の比率の信頼区間を求めよ．ただし，信頼度は 95％ とする．

【解】 $n = 1500$, $\hat{p} = 288/1500 = 0.192$, $\alpha = 0.05$ であるから，

$$\hat{p} \pm z(\alpha/2)\sqrt{\frac{\hat{p}(1-\hat{p})}{n}} = 0.192 \pm 1.96 \times \sqrt{\frac{0.192 \times 0.808}{1500}}$$
$$= 0.192 \pm 0.020.$$

したがって，信頼区間は $[0.172, 0.212]$ である． ◇

例 7.15

ある工場で生産している製品の不良率を信頼度 95％ で推定したい．この製品には約 2％ の不良品が出るという．このとき，信頼区間の幅が 0.05 以下になるようにするには標本をいくつとらなければいけないか．また，不良率についての情報が全くないときにはどうか．

【解】 信頼度が 95％ のときには，標本数を n とすると信頼区間は

$$\left[p - 1.96 \times \sqrt{\frac{0.02 \times 0.98}{n}},\ p + 1.96 \times \sqrt{\frac{0.02 \times 0.98}{n}}\right]$$

となるから，信頼区間の幅は $2 \times 1.96 \times \sqrt{\frac{0.02 \times 0.98}{n}} \leq 0.05$ を満たさなければならない．これから，

$$n \geq \frac{2^2 \times (1.96)^2}{(0.05)^2} \times 0.02 \times 0.98 = 120.5$$

となり，121 個の標本が必要である．不良率についての情報が全くないときには，すべての p について $p(1-p) \leq 0.25$ となるから，$2 \times 1.96 \times \sqrt{\frac{0.25}{n}} \leq 0.05$ となるように n をとらなければならない．したがって

$$n \geq \frac{2^2 \times (1.96)^2}{(0.05)^2} \times 0.25 = 1536.6$$

となり，1537 個の標本が必要である． ◇

問 7.3 正規分布 $N(\mu, (5.3)^2)$ に従う大きさ n の無作為標本を抽出した.
  （1） 標本数が $n=20$ で，標本平均値は 16.0 であった．平均 μ の信頼区間を求めよ．信頼度が 90％ のときはどうか．また，信頼度が 95％ のときはどうか．
  （2） 標本数が $n=40$ であり，標本平均値が 16.0 であるときにはどうか．

問 7.4 正規分布の分散 σ^2 の値が既知のとき，平均の信頼度 95％ の信頼区間の幅が σ 以下となるためには標本数をいくらとらなければならないか．また，信頼区間の幅が 2σ 以下とするためには標本数はいくらとらねばならないか．

問 7.5 ある化学工場で製造されている化学製品の 1 日当たりの製造量を 50 日間調べたところ，その平均値は 87.1 トンであり，標準偏差の値は 2.1 トンであった．1 日当たりのこの製品の製造量の信頼区間を求めよ．ただし，信頼度は 95％ とする．

問 7.6 あるブランド名で販売されている砂糖 6 袋の内容量を調べたところ次の結果が得られた（単位：g）．
$$991 \quad 1006 \quad 1002 \quad 994 \quad 990 \quad 1008$$
この砂糖 1 袋の内容量の信頼区間を信頼度 95％ で求めよ．ただし，内容量は正規分布に従うものとする．

問 7.7 正規分布に従う大きさ 7 の無作為標本の値は
$$5.7 \quad 0.6 \quad 4.5 \quad 5.9 \quad 8.3 \quad 9.0 \quad 3.8$$
であった．この正規分布の分散の信頼区間を信頼度 95％ で求めよ．

問 7.8 平均 μ の値が既知である正規分布 $N(\mu, \sigma^2)$ に従う大きさ n の無作為標本を $X_1, X_2, \cdots, X_n$ とする．このとき，$V^2 = \dfrac{1}{n}\sum_{i=1}^{n}(X_i - \mu)^2$ に対して
$$P\left(\frac{nV^2}{\chi_n^2(\alpha/2)} \leq \sigma^2 \leq \frac{nV^2}{\chi_n^2(1-\alpha/2)}\right) = 1 - \alpha$$
が成立することを示せ．

問 7.9 あるコインを 4000 回投げたところ，表が 2032 回出た．このコインを投げるとき表が出る確率 p の信頼区間を信頼度を 99％ として求めよ．

演習問題 7

7.1 $X_1, X_2, \cdots, X_n$ を一様分布 $U(0, \theta)$ に従う大きさ n の無作為標本とし，その最大値を $Y = \max(X_1, X_2, \cdots, X_n)$ とおく．

(1) $P(Y \leq x) = P(X_1 \leq x) P(X_2 \leq x) \cdots P(X_n \leq x)$ が成立することを用いて，Y の密度関数を求めよ．

(2) θ の2つの推計量
$$T_1 = c_1 \bar{X}_n, \qquad T_2 = c_2 Y$$
がそれぞれ θ の不偏推定量となるように定数 c_1, c_2 を定めよ．

(3) (2)で求めた θ の不偏推定量 T_1, T_2 のどちらがより有効な推定量であるか．

7.2 ガンマ分布 $Ga(\alpha, \beta)$（例 3.21 参照）の母数 α, β のモーメント法による推定量を求めよ．

7.3 一様分布 $U(a, b)$ について a, b のモーメント法による推定量を求めよ．

7.4 $X_1, X_2, \cdots, X_n$ を次の分布に従う大きさ n の無作為標本とする．母数 θ の最尤推定量を求めよ．

(1) ポアソン分布 $Po(\theta)$

(2) ガンマ分布 $Ga(k, \theta)$

(3) 正規分布 $N(\theta, \theta^2)$ ($\theta > 0$)

7.5 正規分布 $N(\mu, 81)$ に従う大きさ 25 の標本をとったところ，その標本平均値は 81.2 であった．この正規分布の平均 μ の信頼度 95% での信頼区間を求めよ．

7.6 ある百貨店のマネージャーは，顧客 1 人当たりの消費金額を信頼度 0.95 で推定したい．事前の調査により顧客 1 人当たりの消費金額の標準偏差は 3000 円であることがわかっている．信頼区間の幅が 1000 円以内の差となるようにするにはどれだけの標本が必要か．また，信頼度が 99% であるときにはどうか．

7.7 次のデータは鉛の融点を 12 回測定した結果である（単位：℃）.

$$327.1 \quad 325.5 \quad 336.8 \quad 324.2 \quad 328.5 \quad 321.0$$
$$332.2 \quad 321.8 \quad 317.1 \quad 337.8 \quad 324.0 \quad 326.8$$

これらの測定値は鉛の真の融点を期待値とする正規分布に従っているものとする．

(1) 鉛の融点の信頼区間を求めよ．ただし，信頼度は 95％ とする．

(2) 測定値の標準偏差が 5℃ であることがわかっているとき，鉛の融点の信頼区間を求めよ．ただし，信頼度は 95％ とする．

7.8 ある正規分布 $N(\mu, \sigma^2)$ に従う大きさ 25 の無作為標本の値を x_i（$i = 1, 2, \cdots, 25$）とすると

$$\sum_{i=1}^{25} x_i = 1505, \qquad \sum_{i=1}^{25} x_i^2 = 95625$$

であった．

(1) 分散 σ^2 が 196 であるとわかっているとして，平均の信頼度 95％ での信頼区間を求めよ．

(2) 分散 σ^2 の値がわからないとして，平均の信頼度 95％ での信頼区間を求めよ．

(3) 平均 μ が 62.3 であるとわかっているとして，分散の信頼度 95％ での信頼区間を求めよ．

(4) 平均 μ の値がわからないとして，分散の信頼度 95％ での信頼区間を求めよ．

7.9 有権者の中から無作為に 2000 人を選んで調査したところ，ある政党を支持する人が 640 人いた．この政党に対する支持率の信頼区間を信頼度 90％ で求めよ．また，4000 人のうち 1280 人がこの政党を支持しているとき，この政党に対する支持率の信頼区間は信頼度 90％ ではどうなるか．

8 章　検　定

8.1　検定とは何か

「あるスーパー・マーケットで販売されている卵1個の平均重量は62gである」あるいは「N県の住民の平均寿命と，S県の住民の平均寿命は等しい」あるいはまた「U大学の今年度の入学試験における，英語の得点分布は正規分布に従っている」というような命題を，母集団の特性値の分布に関する**仮説**（hypothesis）という．標本から得られる情報に基づいて仮説が妥当なものであるか妥当ではないかを判断することを仮説の**検定**（test）といい，科学のさまざまな領域で応用されている．ここでは，平均および分散に関する仮説の検定について学ぶ．はじめにいくつかの例を解きながら，検定に用いられる言葉を解説し，同時に検定の考え方を述べる．

例 8.1

あるサイコロを180回投げたところ1の目が39回出た．このサイコロの1の目が出る確率は $1/6$ と考えてよいか．

このサイコロの1の目の出る確率を p とするとき，「p は $1/6$ である」というのが1つの仮説であり，この仮説を検定することになる．このような検定すべきもとになる仮説を**帰無仮説**（null hypothesis）といい H_0 と表す．帰無仮説に相対する仮説を**対立仮説**（alternative hypothesis）といい，H_1 と表す．いまの場合，「p は $1/6$」であると考えてよいか，それとも「p は $1/6$ ではない」と考えるべきかであるから，帰無仮説 H_0 は $p = 1/6$ であり，対立仮説 H_1 は $p \neq 1/6$ である．すなわち，2つの仮説

$$\begin{cases} 帰無仮説\ H_0： p = 1/6 \\ 対立仮説\ H_1： p \neq 1/6 \end{cases}$$

のどちらが成り立つかを検定することになる.

このサイコロを 180 回投げるとき 1 の目が出る回数を X とする.

帰無仮説 H_0 が成り立つ,つまり,$p = 1/6$ であるとき,X は二項分布 $Bin(180, 1/6)$ に従う確率変数であり,

$$E(X) = 180 \times \frac{1}{6} = 30, \qquad V(X) = 180 \times \frac{1}{6} \times \frac{5}{6} = 25 = 5^2$$

である.一方,対立仮説 H_1 が成り立つ,つまり,$p \neq 1/6$ であるとき,X の値は 30 からずれる傾向がある.したがって,X が 30 の近くの値であれば,帰無仮説は正しいと判断し,X の値が 30 より離れていれば帰無仮説は誤りであり,対立仮説が正しいと判断するのが合理的であろう.すなわち,ある定数 c を定めて $|X - 30| \leq c$ であれば,H_0 が正しいと判断し,$|X - 30| > c$ であれば,H_0 は誤りであると判断することになる.

それでは,c の値はどのようにして選ぶべきであろうか.検定においては,あらかじめ小さな値 α を定めておき,帰無仮説 H_0 が正しいとき,それを誤りであると判断する確率が α 以下となるように c の値を選ぶ.α としては 0.05, 0.01, 0.1 などがとられる.この α あるいは $100 \times \alpha\%$ の値を**有意水準**(significance level)という.

いまの場合,X はほぼ正規分布 $N(30, 5^2)$ に従うと考えてよい.したがって,帰無仮説が正しい,つまり $p = 1/6$ であるのにそれを誤りと判断する確率は,$p = 1/6$ であるとき $|X - 30| > c$ となる確率,すなわち

$$P_0(|X - 30| > c) = P_0\left(\left|\frac{X - 30}{5}\right| > \frac{c}{5}\right) \fallingdotseq P\left(|Z| > \frac{c}{5}\right)$$

である.ただし,$P_0(A)$ は帰無仮説 H_0 の下での事象 A の確率であり,Z は標準正規分布 $N(0, 1)$ に従う確率変数である.例えば $\alpha = 0.05$ であるならば,$P(|Z| > 1.96) = 0.05$ であるから,$c = 1.96 \times 5 = 9.8$ にとり

$$P_0(|X - 30| > 9.8) = 0.05$$

である.つまり,この検定においては

$$|X - 30| > 9.8, \qquad \text{すなわち,} \qquad X < 20.2 \text{ または } X > 39.8$$

であるときには帰無仮説は正しくないと判断することになる.帰無仮説を真

であると判断することを その仮説を**採択**（accept）するといい，それが誤りであると判断することを その仮説を**棄却**（reject）するという．また，帰無仮説を棄却する領域を**棄却域**（rejection region）といい，これを W と表す．帰無仮説を棄却しない（すなわち，採択する）領域を**採択域**（acceptance region）という．この例題においては，棄却域 W は 180 回のうち 1 の目の出る回数 X の値を x とすると

$$W = \{\, x \mid |x - 30| > 9.8 \,\} = \{\, x \mid x < 20.2,\ x > 39.8 \,\}$$

であり，X の値 39 はこの棄却域に入らないから，帰無仮説 H_0 は採択される．すなわち，有意水準を 0.05 とするとこのサイコロの 1 の目が出る確率は 1/6 ではないとはいえないということになる．（この言いまわしは，"1/6 である"ととらえるのでなく，"1/6 であることは否定できない"という意味にとる．） ◇

例 8.2 （前例の続き）

例 8.1 においては 1 の目が出る確率 p は 1/6 と考えてよいか，それとも，1/6 ではないと考えるべきかを検定したので対立仮説 H_1 は $p \neq 1/6$ としたが，p は 1/6 と考えてよいか，それとも p は 1/6 より大きいと考えるべきか を検定するときには対立仮説 H_1 は $p > 1/6$ としなければならない．すなわち，2 つの仮説

$$\begin{cases} 帰無仮説\ H_0：\ p = 1/6 \\ 対立仮説\ H_1：\ p > 1/6 \end{cases}$$

のどちらが成り立っているかを検定することになる．このときには，対立仮説が成り立っていれば，このサイコロを 180 回投げるとき，1 の目の出る回数 X は帰無仮説が成り立っている場合と比べて大きくなる傾向があるので，$X - 30$ が大きいときには帰無仮説は正しくないと判断するのが合理的であり，有意水準が 0.05 であれば

$$P_0(X - 30 > c) = 0.05$$

となるように c の値を定めることになる．

$$P_0(X - 30 > c) = P_0\left(\frac{X-30}{5} > \frac{c}{5}\right) \fallingdotseq P\left(Z > \frac{c}{5}\right)$$

であり，$P(Z > c/5) = 0.05$ となる c の値は $c = 5 \times 1.645 = 8.225$ であるから，棄却域 W は

$$W = \{\, x \mid x > 30 + c\,\} = \{\, x \mid x > 38.225\,\}$$

となる．したがって，このサイコロを 180 回投げて 1 の目が出る回数が 39 回であれば，この値は棄却域 W に入るから帰無仮説は棄却され，このサイコロの 1 の目が出る確率は $1/6$ より大きいと判断されることになる．　◇

前述の 2 例の棄却および採択の仕方をみればわかるように，検定においては帰無仮説を棄却する方には積極的な主張があるが，帰無仮説が棄却されないとき（すなわち，採択されるとき）は，「このデータからは帰無仮説が誤っているとは判断できない」という意味をもつものでしかなく，帰無仮説が正しいことを積極的に裏付けるものではないということに注意しなければならない．

分布の未知の母数を θ とし，帰無仮説 $H_0 : \theta = \theta_0$ を検定するとき，対立仮説には次の 3 つのうちのどれかをとることが一般的である：

$$H_1 : \theta \neq \theta_0, \quad H_1' : \theta > \theta_0, \quad H_1'' : \theta < \theta_0.$$

例 8.1 は対立仮説が H_1 の形をしており，このような仮説を**両側仮説**と呼ぶ．このとき，棄却域は数直線上において採択域の両側にとられる．また，対立仮説が H_1' の形の仮説を右側仮説，H_1'' の形の仮説を左側仮説といい，この両者を合わせて**片側仮説**という．

検定においては，誤った判断をする可能性を伴う．誤りには次の 2 通りのものがある．一つは帰無仮説 H_0 が正しいのにそれを棄却してしまう誤りであり，これを**第一種の誤り**（the first kind of error）という．もう一つは帰無仮説 H_0 が誤りであるのにそれを採択してしまう誤りであり，これを**第二種の誤り**（the second kind of error）という．

例 8.3

平均 μ の値が未知である正規分布 $N(\mu, 3^2)$ に従う 9 個の無作為標本を抽出して，この正規分布の平均 μ の値を 0 とみなすべきか，それとも μ は正の値であるとみなすべきかの検定，すなわち，仮説

$$\begin{cases} 帰無仮説\ H_0: & \mu = 0 \\ 対立仮説\ H_1: & \mu > 0 \end{cases}$$

を検定する．標本平均 $\bar{X}$ は帰無仮説 H_0 の下では $N(0,1)$ に従うので，標準正規分布の上側 α 点 $z(\alpha)$ に対して，

$$P_0\{\bar{X} > z(\alpha)\} = \alpha$$

が成立する．したがって，有意水準が α のとき，棄却域 W は

$$W = \{\,\bar{x} \mid \bar{x} > z(\alpha)\,\}$$

であり，標本平均値 $\bar{x}$ がこの棄却域 W に入れば帰無仮説を棄却することになる．平均 μ の真の値が μ_1 であるとして，次の問に答えよ．

(1) 有意水準 α を 0.05 とする．$\mu_1 = 2.0$ のとき，第二種の誤りの確率はいくらか．また，$\mu_1 = 3.0$ のときはどうか．

(2) (1) において，有意水準が $\alpha = 0.01$ であるとき，第二種の誤りの確率を求めよ．

【解】 (1) $\alpha = 0.05$ であるから，棄却域 W は標本平均 $\bar{X}$ の値 $\bar{x}$ について

$$W = \{\,\bar{x} \mid \bar{x} > 1.645\,\}$$

となる．μ の真の値が μ_1 であるときには，$\bar{X}$ は $N(\mu_1, 1)$ に従うので，第二種の誤りの確率 β は

$$\beta = P_1(\bar{X} \notin W) = P_1(\bar{X} \leq 1.645) = P(Z \leq 1.645 - \mu_1)$$

である．ただし，$P_1(A)$ は対立仮説 H_1 の下での事象 A の確率を表しているものとする．標準正規分布表から，

$\mu_1 = 2.0$ のときには　 $\beta = P(Z \leq -0.355) = 0.361$,

$\mu_1 = 3.0$ のときには　 $\beta = P(Z \leq -1.355) = 0.088$

である．

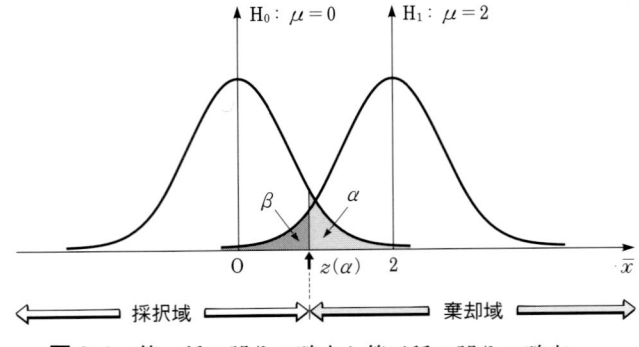

図 8.1 第一種の誤りの確率と第二種の誤りの確率

（2） $\alpha = 0.01$ のときには，棄却域 W は標本平均 $\bar{X}$ の値 $\bar{x}$ について
$$W = \{\bar{x} \mid \bar{x} > 2.33\}$$
であり，
$$\beta = P_1(\bar{X} \notin W) = P_1(\bar{X} \leq 2.33) = P(Z \leq 2.33 - \mu_1)$$
となる．したがって，$\mu_1 = 2.0$ のときには $\beta = 0.629$，$\mu_1 = 3.0$ のときには $\beta = 0.251$ である． ◇

　検定においては，第一種の誤りの確率および第二種の誤りの確率をどちらもできるだけ小さくしたいのであるが，図 8.1 からもわかるように，一方を小さくしようとすれば他方が大きくなる．そこで，第一種の誤りの確率をあらかじめ定めた有意水準 α 以下になるように棄却域をとり，これにもとづいて検定を行うのである．第二種の誤りの確率を小さくするには標本数 n を増やせばよい．このことは，問 8.1 を解くことによって理解されるであろう．

問 8.1 例 8.3 において標本数 n を 18 とすると棄却域 W はどうなるか．ただし，有意水準は 0.05 とする．またこのとき，平均の真の値が μ_1 であれば第二種の誤りの確率 β はどのように表されるか．とくに，$\mu_1 = 2.0$ であるとき β の値を求めよ．また，$n = 27$ および $n = 36$ のときにはどうか．

〔検定の手順〕

ここで，検定はどのような手順に沿って進められるかについて述べよう．

1) **仮説の設定**：分布の母数に関して，帰無仮説 H_0 および対立仮説 H_1 を設定する．多くの場合，帰無仮説は母数の値があらかじめ与えられた値に等しい，あるいは2つの母数の値が同じであるという形に設定される．一方，対立仮説は帰無仮説を否定する形に設定される．2つの仮説は，「H_0 でもあり，H_1 でもある」という結論や「H_0 でも H_1 でもない」という結論とならないように設定しなければならない．

2) **検定統計量の選定**：帰無仮説の正否を検定するための統計量を選択する．これを**検定統計量**という．つまり，無作為標本 $X_1, X_2, \cdots, X_n$ の関数 $T = T(X_1, X_2, \cdots, X_n)$ を選定し，帰無仮説の下での T の分布に関する知識を用いて検定を行うことになる．例えば，平均についての検定を行うとき，分散の値がわかっていればそれを用いればよいし，分散の値がわからなければそれを推定することが必要になる．

3) **有意水準を定める**：有意水準 α としてどのような値をとるべきかは状況によって考えねばならない．例えば，帰無仮説が正しいときに棄却する誤りを犯すと大きな費用がかかるというような場合には，このような誤り，つまり第一種の誤りの確率を小さくする必要があり，有意水準には小さな値を選ばねばならない．

4) **棄却域の設定**：帰無仮説，対立仮説，検定統計量 T および有意水準 α にもとづいて棄却域 W を $P_0(T \in W) = \alpha$ となるように定める．ただし，$P_0(A)$ は帰無仮説 H_0 が正しいときの事象 A の確率である．

5) **帰無仮説の棄却・採択**：データから検定統計量 T の実現値を求め，それが棄却域に含まれるか含まれないかにより帰無仮説を棄却するか採択するかの結論を導く．

以上は検定の一般的な手順について述べたもので，具体的な方法についてはよく用いられるものを次節以降で例と共に解説していくことにする．

8.2 正規分布の平均の検定

平均 μ の値が未知である正規分布 $N(\mu, \sigma^2)$ に従ういくつかの無作為標本をとり，これらの標本をもとにこの正規分布の平均 μ の値を μ_0 とみなしてよいか，それとも μ_0 ではないとみなすべきか，すなわち，2つの仮説

> 帰無仮説 H_0： $\mu = \mu_0$
> 対立仮説 H_1： $\mu \neq \mu_0$

の検定について考える．

［A］ 分散 σ^2 が既知の場合

$$Z = \frac{\sqrt{n}(\overline{X} - \mu_0)}{\sigma}, \quad W = \{z \mid |z| > z(\alpha/2)\}$$

正規分布 $N(\mu_0, \sigma^2)$ に従う大きさ n の無作為標本を $X_1, X_2, \cdots, X_n$ とすると，標本平均 $\overline{X}$ は正規分布 $N(\mu_0, \sigma^2/n)$ に従い，その z-変換

$$Z = \frac{\sqrt{n}(\overline{X} - \mu_0)}{\sigma}$$

は標準正規分布 $N(0,1)$ に従う．一方，対立仮説が成り立っていれば，この Z は $N(0,1)$ からずれる傾向がある．ゆえに，分散 σ^2 が既知であるとき，この Z の値 z の絶対値 $|z|$ がある値 c よりも大きいときには帰無仮説を棄却し，$|z|$ が c よりも小さいときには帰無仮説を採択することになる．c の値は有意水準が α であるとき，$P(|Z| > c) = \alpha$ となるようにとればよい．したがって，有意水準が α のとき，棄却域 W は

$$W = \{z \mid |z| > z(\alpha/2)\}$$

となり，Z の値 z が

$$z \in W \implies H_0 を棄却$$
$$z \notin W \implies H_0 を採択$$

と判断することになる．

8.2 正規分布の平均の検定

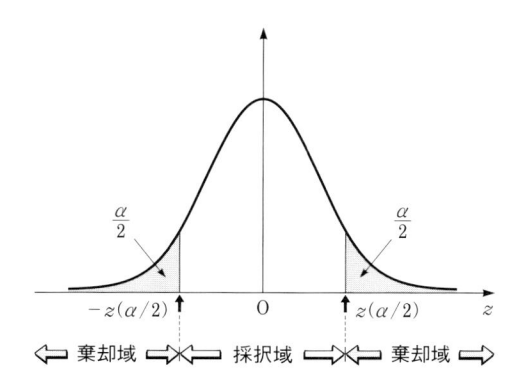

図 8.2 両側仮説と棄却域

対立仮説が $\mu > \mu_0$（または，$\mu < \mu_0$）であるとき，対立仮説が正しければ Z の値は大きく（または，小さく）なる傾向がある．したがって，片側仮説に対しては，有意水準を α として，棄却域は対立仮説の向きによって異なり，

右側仮説 H_1'： $\mu > \mu_0$ のとき　　$W' = \{\, z \mid z > z(\alpha) \,\}$

左側仮説 H_1''： $\mu < \mu_0$ のとき　　$W'' = \{\, z \mid z < -z(\alpha) \,\}$

となる．

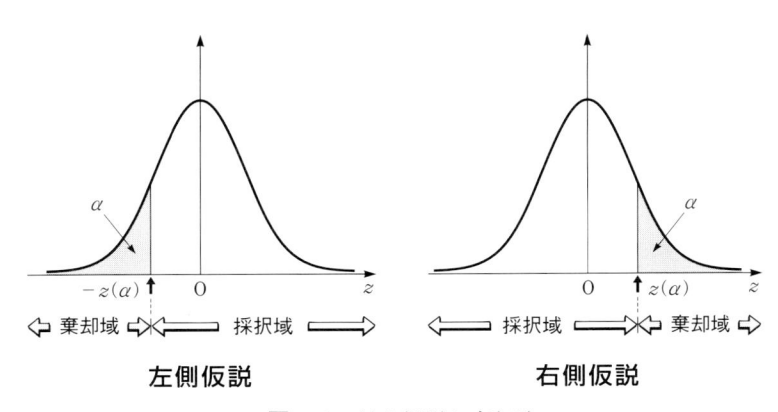

図 8.3 対立仮説と棄却域

例 8.4

ある電器会社は自社で製造している電球の寿命は平均 1700 時間であると主張している．この会社の電球を無作為に 10 個選んで寿命を測定したところ次の結果が得られた（単位：時間）．この会社の主張は正しいと判断してよいか．有意水準を 5% として検定せよ．ただし，この会社の製造する電球の寿命は標準偏差が 150 時間の正規分布に従うとする．

1681　1466　1347　1743　1567　1576　1653　1501　1982　1658

【解】 121 ページで述べた手順に従って検定を進めていこう．

1） 仮説の設定： この会社の製造する電球の平均寿命を μ とする．問題は平均 μ が 1700 時間であるという会社の主張が正しいかということであるから，帰無仮説は会社の主張は正しい，すなわち $\mu = 1700$ とし，対立仮説は会社の主張は誤っている，すなわち $\mu \neq 1700$ とする．つまり，

$$\begin{cases} 帰無仮説 \ H_0: \ \mu = 1700 \\ 対立仮説 \ H_1: \ \mu \neq 1700 \end{cases}$$

のどちらが成り立っているかを検定すればよい．

2） 検定統計量： 電球の寿命は正規分布に従い，$\sigma = 150$ ということがわかっているので検定統計量は

$$Z = \frac{\sqrt{10}(\bar{X} - 1700)}{150}$$

であり，この Z は標準正規分布 $N(0, 1)$ に従う．

3） 有意水準： 題意により，有意水準 α は 0.05 である．

4） 棄却域： 対立仮説は両側仮説であり，$z(0.025) = 1.96$ であるから，棄却域 W は検定統計量 Z の値 z について

$$W = \{\, z \mid |z| > 1.96 \,\}$$

となる．

5） 検定の結論： 標本平均値 $\bar{x}$ を求めると，$\bar{x} = 1617.4$ であるから，

$$z = \frac{\sqrt{10}(1617.4 - 1700)}{150} = -1.741 \notin W$$

であり，したがって，帰無仮説は棄却されない．すなわち，このデータからはこの会社の主張は誤っているとはいえない． ◇

8.2 正規分布の平均の検定

以上では正規標本を仮定した．正規性の仮定がないときも，標本数 n が十分に大きければ，中心極限定理により標本平均 $\bar{X}$ の分布は $N(\mu, \sigma^2/n)$ で近似されるので，前述の手法と同様に平均の検定を行うことができる．分散 σ^2 がわかっていればそれを用い，わからなければ不偏分散 U^2 による推定値を用いればよい．ただし，標本数は $n > 30$ であることが望ましい．

[B] 分散 σ^2 が未知の場合

$$T = \frac{\sqrt{n}(\bar{X} - \mu_0)}{U}, \qquad W = \{\, t \mid |t| > t_{n-1}(\alpha/2) \,\}$$

平均の検定において分散 σ^2 の値がわからなければ [A] の手法は適用できない．しかし，定理 6.5 によれば，帰無仮説 $H_0 : \mu = \mu_0$ の下では

$$T = \frac{\sqrt{n}(\bar{X} - \mu_0)}{U}$$

は自由度が $n-1$ のティー分布 t_{n-1} に従う．ここで

$$U^2 = \frac{1}{n-1} \sum_{i=1}^{n} (X_i - \bar{X})^2 \qquad (\text{不偏分散})$$

である．したがって，分散 σ^2 の値が未知のとき，有意水準が α であるならばこの T の値 t について

$$W = \{\, t \mid |t| > t_{n-1}(\alpha/2) \,\}$$

を棄却域とすればよい．ただし，$t_{n-1}(\alpha/2)$ は自由度が $n-1$ のティー分布 t_{n-1} の上側 $\alpha/2$ 点である．

ここで，この結果を分散が既知の場合の結果と比べてみよう．平均の検定において，分散 σ^2 が既知の場合には z-変換

$$Z = \frac{\sqrt{n}(\bar{X} - \mu_0)}{\sigma}$$

が標準正規分布 $N(0,1)$ に従うことを用い，棄却域 W はこの Z の値 z について

$$W = \{\, z \mid |z| > z(\alpha/2) \,\}$$

であった．一方，分散 σ^2 の値が未知のときには，z-変換における σ を用い

ることができないので，σ^2 をその不偏分散 U^2 によって推定し，t -変換
$$T = \frac{\sqrt{n}(\bar{X} - \mu_0)}{U}$$
を用いる．このとき，この T は自由度が $n-1$ のティー分布 t_{n-1} に従うので棄却域 W は T の値 t について
$$W = \{\, t \mid |t| > t_{n-1}(\alpha/2) \,\}$$
となるのである．

なお，片側仮説に対しては，有意水準を α として，棄却域は対立仮説の向きによって異なり

  右側仮説 H_1' ：$\mu > \mu_0$ のとき $W' = \{\, t \mid t > t_{n-1}(\alpha) \,\}$

  左側仮説 H_1'' ：$\mu < \mu_0$ のとき $W'' = \{\, t \mid t < -t_{n-1}(\alpha) \,\}$

となる．

例 8.5

65 m 巻きと表示されている A 社製のトイレット・ペーパーから 10 ロールのトイレット・ペーパーを無作為に抽出し，その長さを測定したところ，次の結果が得られた（単位：m）．トイレット・ペーパーの長さは正規分布に従うものとして，このトイレット・ペーパーの長さは表示通りであるとみなしてよいかどうかを有意水準 5％ で検定せよ．

  64.7 63.8 62.5 64.3 64.5 64.8 65.2 61.8 63.5 65.2

【解】 トイレット・ペーパーの長さの期待値を μ とする．帰無仮説はトイレット・ペーパーの長さは表示通りである，すなわち $\mu = 65.0$ とし，対立仮説は表示通りではない，すなわち $\mu \neq 65.0$ とする．つまり，2 つの仮説

$$\begin{cases} 帰無仮説\ H_0:\ \mu = 65.0 \\ 対立仮説\ H_1:\ \mu \neq 65.0 \end{cases}$$

のどちらが成り立っているかを検定すればよい．また，分散 σ^2 の値は未知であるので，ティー分布を用いる．帰無仮説の下では

$$T = \frac{\sqrt{10}(\bar{X} - 65.0)}{U}$$

が自由度 9 のティー分布に従う．有意水準 5% に対する棄却域 W は
$$W = \{\, t \mid |t| > t_9(0.025) = 2.262 \,\}$$
である．標本平均値は $\bar{x} = 64.03$ であり，不偏分散の値は $u^2 = 1.30233$ であるから，T の値を求めると
$$t = \frac{\sqrt{10}(64.03 - 65.0)}{\sqrt{1.30233}} = -2.688 \in W$$
であり，帰無仮説は棄却される．すなわち，このトイレット・ペーパーの長さは表示通りとはいえない． ◇

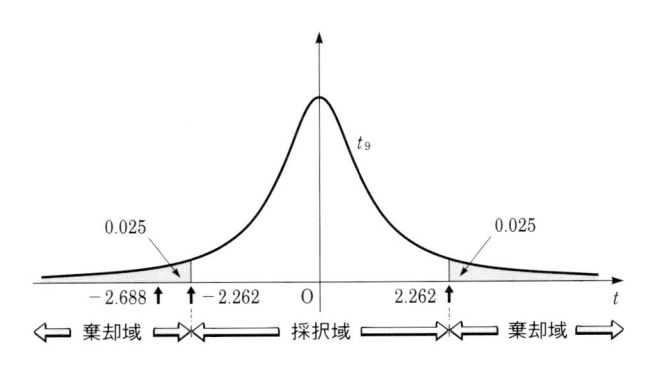

図 8.4 ティー検定の棄却域

問 8.2 全国の 18 歳男子の平均身長は 172.8 cm で標準偏差は 5.9 cm であるという．ある体育大学に入学した 18 歳の男子学生 12 人を調べたところ，その平均身長は 172.8 cm であった．この大学の 18 歳男子学生の平均身長は全国平均より高いといえるか，有意水準を 5% として検定せよ．

また，この大学に入学した 18 歳男子学生 24 人を調べたところ，平均身長はやはり 172.8 cm であった．このときはどうか．

問 8.3 50 個の無作為標本から標本平均値 $\bar{x} = 646.5$，不偏分散の値 $u^2 = (14.5)^2$ が得られた．帰無仮説 $H_0 : \mu = 650$ を次の場合に検定せよ．ただし，有意水準は 0.05 とする．

(1) 対立仮説が $H_1 : \mu < 650$ であるとき．
(2) 対立仮説が $H_1 : \mu \neq 650$ であるとき．

問 8.4 ある食品の缶詰には内容量 350 g と表示されている．この缶詰を 9 缶選びその内容量を調べたところ，標本平均値 $\bar{x} = 343.5$ g，標本標準偏差の値 $s = 7.9$ g であった．この缶詰に表示されていることは正しいか．有意水準 5％ で検定せよ．また，有意水準が 1％ であればどうか．ただし，缶詰の内容量は正規分布に従うものとする．

8.3 正規分布の分散の検定

$$Y = \frac{(n-1)U^2}{\sigma_0^2},$$
$$W = \{\, y \mid y < \chi_{n-1}^2(1-\alpha/2),\ y > \chi_{n-1}^2(\alpha/2) \,\}$$

平均 μ，分散 σ^2 の値がどちらも未知である正規分布 $N(\mu, \sigma^2)$ に従う大きさ n の無作為標本 $X_1, X_2, \cdots, X_n$ をもとにして，この正規分布の分散 σ^2 の値を σ_0^2 とみなしてよいかどうかの検定，すなわち，2 つの仮説

> 帰無仮説 H_0: $\sigma^2 = \sigma_0^2$
> 対立仮説 H_1: $\sigma^2 \neq \sigma_0^2$

の検定について考えよう．

定理 6.4 によれば，不偏分散を U^2 とおくと

$$Y = \frac{(n-1)U^2}{\sigma^2} = \frac{1}{\sigma^2} \sum_{i=1}^{n} (X_i - \bar{X})^2$$

は自由度が $n-1$ のカイ 2 乗分布 χ_{n-1}^2 に従う．つまり，帰無仮説 H_0: $\sigma^2 = \sigma_0^2$ の下では

$$Y = \frac{(n-1)U^2}{\sigma_0^2}$$

は自由度 $n-1$ のカイ 2 乗分布 χ_{n-1}^2 に従い，対立仮説 H_1: $\sigma^2 \neq \sigma_0^2$ の下では統計量 Y の分布は χ_{n-1}^2 分布からずれる．したがって，有意水準が α であるとき，棄却域 W はこの Y の値 y に対して

$$W = \{\, y \mid y < \chi_{n-1}^2(1-\alpha/2),\ y > \chi_{n-1}^2(\alpha/2) \,\}$$

8.3 正規分布の分散の検定

ととればよい．ただし，$\chi^2_{n-1}(\alpha)$ は自由度が $n-1$ のカイ2乗分布 χ^2_{n-1} の上側 α 点である．

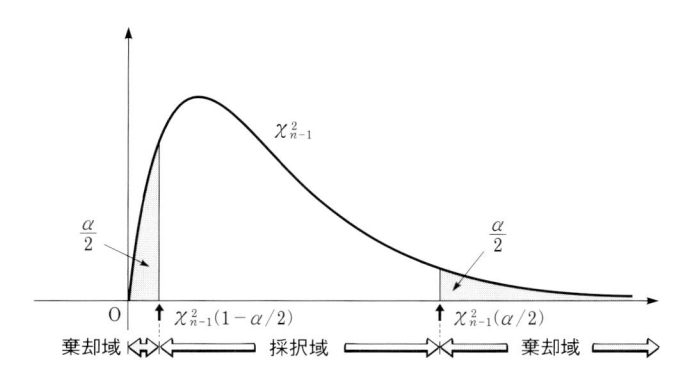

図 8.5 分散の検定の棄却域と採択域

対立仮説が $\sigma^2 > \sigma_0^2$（または，$\sigma^2 < \sigma_0^2$）であるとき，対立仮説が正しければ，Y は大きい値（または，小さい値）に分布する傾向がある．したがって，片側仮説に対しては，有意水準を α として，棄却域は，

右側仮説 H_1'：$\sigma^2 > \sigma_0^2$ のとき　　$W' = \{\, y \mid y > \chi^2_{n-1}(\alpha) \,\}$

左側仮説 H_1''：$\sigma^2 < \sigma_0^2$ のとき　　$W'' = \{\, y \mid y < \chi^2_{n-1}(1-\alpha) \,\}$

となる．

例 8.6

次の 12 個のデータは，従来分散が 10.0 であったある正規分布に従う無作為標本の値である．分散は変化したと考えるべきか．有意水準 5％ で検定せよ．

　　2.9　3.7　5.8　7.6　5.0　5.1　7.9　3.1　1.9　4.3　4.8　3.7

【解】 分散 σ^2 が変化したかというのであるから，帰無仮説としては分散は従来どうり $\sigma^2 = 10.0$ であるとし，対立仮説としては分散は変化した，すなわち，$\sigma^2 \neq 10.0$ とする．つまり，

$$\begin{cases} \text{帰無仮説 } H_0: \sigma^2 = 10.0 \\ \text{対立仮説 } H_1: \sigma^2 \neq 10.0 \end{cases}$$

を検定すればよい．$n = 12$ であり，$\chi^2_{11}(0.975) = 3.816$，$\chi^2_{11}(0.025) = 21.920$ であるから，棄却域は

$$W = \{\, y \mid y < 3.816,\ y > 21.920 \,\}$$

である．標本平均値 $\bar{x}$ は 4.65 であり，不偏分散の値 u^2 を求めると

$$u^2 = \frac{1}{11}\{(2.9 - 4.65)^2 + (3.7 - 4.65)^2 + \cdots + (3.7 - 4.65)^2\}$$

$$= \frac{35.89}{11}$$

であるから，Y の値は

$$y = \frac{35.89}{10.0} = 3.589 \in W$$

となる．したがって，分散は変化したと判断される． ◇

問 8.5 ある機械で製作しているボール・ベアリングの直径の分散が 0.025 (mm)^2 以上になると，機械を検査する必要がある．ある日，23 個のボール・ベアリングを調べたところその標本分散の値は 0.031 (mm)^2 であった．機械を検査する必要があるか．有意水準 5％ で検定せよ．ただし，ボール・ベアリングの直径は正規分布に従うと仮定する．

8.4　正規分布の等平均の検定

ここでは正規分布 $N(\mu_1, \sigma_1^2)$ に従う無作為標本と正規分布 $N(\mu_2, \sigma_2^2)$ に従う無作為標本によって，2 つの平均 μ_1 と μ_2 を等しいとみなしてよいか，それとも μ_1 と μ_2 とは異なるとみなすべきか，つまり

$$\begin{array}{l} \text{帰無仮説 } H_0: \mu_1 = \mu_2 \\ \text{対立仮説 } H_1: \mu_1 \neq \mu_2 \end{array}$$

の検定について考える．これを**等平均の検定**という．

［A］ 分散 σ_1^2, σ_2^2 が既知の場合

$$Z = \frac{\bar{X} - \bar{Y}}{\sqrt{\dfrac{\sigma_1^2}{m} + \dfrac{\sigma_2^2}{n}}}, \quad W = \{\, z \mid |z| > z(\alpha/2) \,\}$$

正規分布 $N(\mu_1, \sigma_1^2)$ に従う大きさ m の無作為標本を $X_1, X_2, \cdots, X_m$ とし，正規分布 $N(\mu_2, \sigma_2^2)$ に従う大きさ n の無作為標本を $Y_1, Y_2, \cdots, Y_n$ とする．ここで，σ_1^2 および σ_2^2 の値は既知であるとする．このとき，標本平均 $\bar{X}$ および $\bar{Y}$ はそれぞれ正規分布 $N\!\left(\mu_1, \dfrac{\sigma_1^2}{m}\right)$ および $N\!\left(\mu_2, \dfrac{\sigma_2^2}{n}\right)$ に従う．ゆえに，$\bar{X} - \bar{Y}$ は

$$N\!\left(\mu_1 - \mu_2,\; \frac{\sigma_1^2}{m} + \frac{\sigma_2^2}{n}\right)$$

に従い，その z-変換

$$Z = \frac{(\bar{X} - \bar{Y}) - (\mu_1 - \mu_2)}{\sqrt{\dfrac{\sigma_1^2}{m} + \dfrac{\sigma_2^2}{n}}}$$

は標準正規分布 $N(0,1)$ に従う．つまり，帰無仮説 H_0：$\mu_1 = \mu_2$ の下では

$$Z = \frac{\bar{X} - \bar{Y}}{\sqrt{\dfrac{\sigma_1^2}{m} + \dfrac{\sigma_2^2}{n}}}$$

は標準正規分布 $N(0,1)$ に従うのである（例 6.2 参照）．よって，有意水準が α のとき，棄却域はこの Z の値 z について

$$W = \{\, z \mid |z| > z(\alpha/2) \,\}$$

となる．

片側仮説に対しては，有意水準を α として，棄却域は対立仮説が

H_1'：$\mu_1 > \mu_2$ のとき　　$W' = \{\, z \mid z > z(\alpha) \,\}$

H_1''：$\mu_1 < \mu_2$ のとき　　$W'' = \{\, z \mid z < -z(\alpha) \,\}$

である．

例 8.7

湖 A と湖 B の PCB による汚染度に差があるかどうかを有意水準 5％ で検定したい．湖 A では 10 匹の魚を捕り，測定法 I を用いてそれらの PCB を測定した結果 次のデータが得られた（単位：ppm）．

    11.5　10.8　11.6　9.4　12.4　11.4　12.2　11.0　10.6　10.8

また，湖 B では 8 匹の魚を捕り，測定法 II を用いて PCB を測定した結果次のデータが得られた：

    11.8　12.6　12.2　12.5　11.7　12.1　10.4　12.7

両測定法において測定値は正規分布に従い，その標準偏差は測定法 I では 0.3 ppm，測定法 II では 0.4 ppm であることがわかっている．これら 2 つの湖の PCB による汚染度には差があるか．

【解】 湖 A, B の魚に含まれる PCB の平均をそれぞれ μ_1, μ_2 とする．2 つの湖の汚染度に差があるかというのであるから，帰無仮説は 2 つの湖の魚に含まれる PCB の平均を等しいとし，対立仮説はこれらが等しくないとする．すなわち，

$$\begin{cases} \text{帰無仮説 } H_0 : \mu_1 = \mu_2 \\ \text{対立仮説 } H_1 : \mu_1 \neq \mu_2 \end{cases}$$

のどちらが正しいかを検定する．有意水準は 5％ であるから棄却域 W は

$$W = \{ z \mid |z| > z(\alpha/2) \} = \{ z \mid |z| > 1.96 \}$$

である．$m = 10$, $n = 8$, $\sigma_1^2 = 0.09$, $\sigma_2^2 = 0.16$ であり，標本平均値は湖 A については $\bar{x} = 11.17$，湖 B については $\bar{y} = 12.00$ であるから，Z の値は

$$z = \frac{11.17 - 12.00}{\sqrt{\frac{0.09}{10} + \frac{0.16}{8}}} = \frac{11.17 - 12.00}{\sqrt{\frac{2.32}{80}}} = -4.87 \in W$$

となる．したがって，2 つの湖の PCB による汚染度には差がある．　　◇

[B]　分散が未知で $\sigma_1^2 = \sigma_2^2$ の場合

$$T = \frac{\bar{X} - \bar{Y}}{U\sqrt{\frac{1}{m} + \frac{1}{n}}}, \quad W = \{ t \mid |t| > t_{m+n-2}(\alpha/2) \}$$

8.4 正規分布の等平均の検定

同種のデータを扱うときには,分散の値はわからなくても両方の分散はほぼ等しい場合が多い.このようなときには,2つの正規分布の分散 σ_1^2, σ_2^2 をどちらも σ^2 とみなして等平均の検定を行う.

正規分布 $N(\mu_1, \sigma^2)$ に従う大きさ m の無作為標本を $X_1, X_2, \cdots, X_m$ とし,その標本平均を $\bar{X}$ とする.また,正規分布 $N(\mu_2, \sigma^2)$ に従う大きさ n の無作為標本を $Y_1, Y_2, \cdots, Y_n$ とし,その標本平均を $\bar{Y}$ とする.このとき,合併不偏分散を

$$U^2 = \frac{1}{m+n-2}\left\{\sum_{i=1}^{m}(X_i - \bar{X})^2 + \sum_{i=1}^{n}(Y_i - \bar{Y})^2\right\}$$

とおくと,例 6.2 (2) (b) により

$$T = \frac{(\bar{X} - \bar{Y}) - (\mu_1 - \mu_2)}{U\sqrt{\dfrac{1}{m} + \dfrac{1}{n}}}$$

は自由度が $m+n-2$ のティー分布に従う.したがって,帰無仮説 $H_0: \mu_1 = \mu_2$ の下では

$$T = \frac{\bar{X} - \bar{Y}}{U\sqrt{\dfrac{1}{m} + \dfrac{1}{n}}}$$

が自由度 $m+n-2$ のティー分布 t_{m+n-2} に従うことになる.ゆえに,等平均の検定の棄却域はこの T の値 t について

$$W = \{\, t \mid |t| > t_{m+n-2}(\alpha/2)\,\}$$

となる.ただし,$t_{m+n-2}(\alpha/2)$ は自由度が $m+n-2$ であるティー分布 t_{m+n-2} の上側 $\alpha/2$ 点である.

また,片側仮説に対しては,有意水準を α として,棄却域は対立仮説の向きによって異なり,

$H_1': \mu_1 > \mu_2$ のとき　　$W' = \{\, t \mid t > t_{m+n-2}(\alpha)\,\}$

$H_1'': \mu_1 < \mu_2$ のとき　　$W'' = \{\, t \mid t < -t_{m+n-2}(\alpha)\,\}$

となる.

例 8.8 （前例の続き）

例 8.7 において測定法 I, II による測定値は正規分布に従い，分散についてはその値が等しいことだけがわかっているとする．このとき，2 つの湖の汚染度に差があるかどうかを有意水準を 0.05 として検定せよ．

【解】 例 8.7 と同様に

$$\begin{cases} 帰無仮説\ H_0：\mu_1 = \mu_2 \\ 対立仮説\ H_1：\mu_1 \neq \mu_2 \end{cases}$$

を検定すればよい．$m = 10, n = 8$ であり，この検定の棄却域 W は

$$W = \{\, t \mid |t| > t_{16}(0.025)\,\} = \{\, t \mid |t| > 2.120\,\}$$

である．それぞれの標本平均値は $\bar{x} = 11.17, \bar{y} = 12.00$ であり，合併不偏分散 U^2 の値 u^2 は

$$\begin{aligned}
u^2 &= \frac{1}{16}\{(11.5 - 11.17)^2 + (10.8 - 11.17)^2 + \cdots + (10.8 - 11.17)^2 \\
&\quad + (11.8 - 12.0)^2 + (12.6 - 12.0)^2 + \cdots + (12.7 - 12.0)^2\} \\
&= \frac{10.521}{16} = 0.6576
\end{aligned}$$

であるから，T の値は

$$t = \frac{11.17 - 12.00}{\sqrt{\left(\frac{1}{10} + \frac{1}{8}\right) \times 0.658}} = -2.158 \in W$$

となる．したがって，2 つの湖の PCB による汚染度には差がある．　◇

▶注　分散が等しいかどうかもわからないとき，等平均の検定を行うには後に述べる等分散の検定，すなわち，仮説

$$\begin{cases} 帰無仮説\ H_0：\sigma_1{}^2 = \sigma_2{}^2 \\ 対立仮説\ H_1：\sigma_1{}^2 \neq \sigma_2{}^2 \end{cases}$$

を検定して，帰無仮説が採択された場合には（帰無仮説は本来肯定的には使えないのであるが，$\sigma_1{}^2 = \sigma_2{}^2$ と考えて）ここで述べた等平均の検定を行えばよい．また，等分散の検定において帰無仮説が棄却された場合にはウェルチの方法と呼ばれる検定方法が用いられている．

[C] 標本数大の場合

$$Z = \frac{\bar{X} - \bar{Y}}{\sqrt{\dfrac{U_1^2}{m} + \dfrac{U_2^2}{n}}}, \quad W = \{z \mid |z| > z(\alpha/2)\}$$

[B] で記したように，等平均の検定は，分散が未知であるが等しいと考えてよい場合には，ティー分布を用いた検定方法を用いるが，分散が等しいかどうかもわからないとき，標本数 m, n が大きければ，正規分布によって近似して検定することができる．

$m, \bar{X}, U_1^2$ をそれぞれ第1の母集団からの標本数，標本平均，および不偏分散とし，$n, \bar{Y}, U_2^2$ をそれぞれ第2の母集団からの標本数，標本平均，および不偏分散とするとき，帰無仮説 $H_0: \mu_1 = \mu_2$ の下では，m, n が十分に大きければ

$$Z = \frac{\bar{X} - \bar{Y}}{\sqrt{\dfrac{U_1^2}{m} + \dfrac{U_2^2}{n}}}$$

は分散が等しいか，等しくないかにかかわらず，標準正規分布 $N(0,1)$ で近似できる．このことから，この場合の棄却域は

$$W = \{z \mid |z| > z(\alpha/2)\}$$

となる．

この手法を用いるには m, n の値は 30 以上であればよいが，どちらも 50 以上であることが望ましい．

問 8.6 ある自動車会社の2つの型の自動車 I, II の排気量を調べたところ，次のデータが得られた．

	標本数	標本平均	標本分散
型 I	18	1811 cc	326
型 II	12	1797 cc	405

排気量は正規分布に従うとして，次の2つの場合に I, II の排気量の平均は等しいとみなしてよいかどうかを検定せよ．ただし，有意水準は 0.05 とする．

（1） 排気量の標準偏差が型Ⅰについては 20 cc，型Ⅱについては 25 cc であることがわかっているとき．

（2） 2つの型の排気量の標準偏差は等しいことだけがわかっているとき．

問 8.7 2つのブランドのタバコについて1本当たりのニコチン含有量を調べたところ，次の結果が得られた．両ブランドのタバコの1本当たりのニコチン含有量には差があるか．有意水準を5％として検定せよ．

ブランド名	標本数	標本平均	標本標準偏差
A	50	1.6 mg	0.15 mg
B	60	1.5 mg	0.21 mg

8.5 等分散の検定

$$F = \frac{U_1^2}{U_2^2}, \quad W = \{f \mid f < F_{n-1}^{m-1}(1-\alpha/2),\ f > F_{n-1}^{m-1}(\alpha/2)\}$$

平均，分散の値が共に未知である2つの正規分布 $N(\mu_1, \sigma_1^2)$，$N(\mu_2, \sigma_2^2)$ に従う標本をもとに分散 σ_1^2, σ_2^2 が等しいかどうかの検定，すなわち，

帰無仮説 H_0： $\sigma_1^2 = \sigma_2^2$
対立仮説 H_1： $\sigma_1^2 \neq \sigma_2^2$

の検定について考える．これを**等分散の検定**という．

$N(\mu_1, \sigma_1^2)$ に従う大きさ m の無作為標本を $X_1, X_2, \cdots, X_m$ とし，その不偏分散を U_1^2 とする．また，$N(\mu_2, \sigma_2^2)$ に従う大きさ n の無作為標本を $Y_1, Y_2, \cdots, Y_n$ とし，その不偏分散を U_2^2 とする．このとき，例 6.2（1）(c) により

$$F = \frac{U_1^2/\sigma_1^2}{U_2^2/\sigma_2^2}$$

は自由度 $(m-1, n-1)$ のエフ分布 F_{n-1}^{m-1} に従う．したがって，帰無仮説 H_0： $\sigma_1^2 = \sigma_2^2$ の下では

8.5 等分散の検定

$$F = \frac{U_1^2}{U_2^2} \sim F_{n-1}^{m-1}$$

となる．ゆえに，有意水準が α のとき棄却域 W は F の値を f とすると

$$W = \{\, f \mid f < F_{n-1}^{m-1}(1-\alpha/2), \ f > F_{n-1}^{m-1}(\alpha/2) \,\}$$

である．ただし，$F_{n-1}^{m-1}(\alpha/2)$ は自由度が $(m-1, n-1)$ のエフ分布 F_{n-1}^{m-1} の上側 $\alpha/2$ 点である．

ところで，例 6.1 により

$$F_{n-1}^{m-1}(1-\alpha/2) = \frac{1}{F_{m-1}^{n-1}(\alpha/2)}$$

であるから，この棄却域 W は

$$W = \left\{\, f \ \middle| \ f < \frac{1}{F_{m-1}^{n-1}(\alpha/2)}, \ f > F_{n-1}^{m-1}(\alpha/2) \right\}$$

と表され，実際の計算ではこの棄却域を用いる．

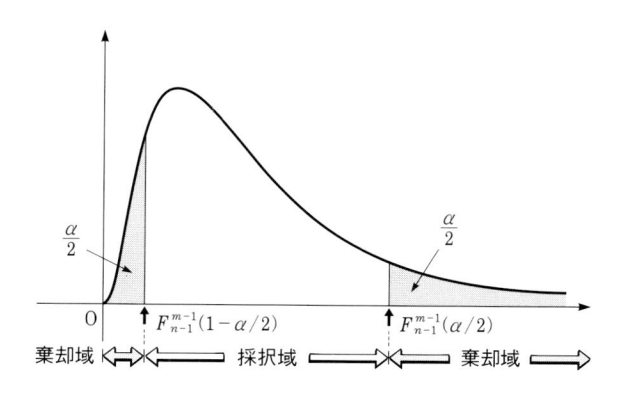

図 8.6　等分散の検定の棄却域と採択域

なお，片側仮説に対しては，有意水準を α として，棄却域は対立仮説が

H_1': $\sigma_1^2 > \sigma_2^2$ のとき　　$W' = \{\, f \mid f > F_{n-1}^{m-1}(\alpha) \,\}$

H_1'': $\sigma_1^2 < \sigma_2^2$ のとき　　$W'' = \left\{\, f \ \middle| \ f < \dfrac{1}{F_{m-1}^{n-1}(\alpha)} \right\}$

である．

例 8.9

次の 9 個のデータは ある正規分布に従う無作為標本の値である．

9.4 4.5 6.8 8.9 5.7 7.9 5.8 7.7 2.7

（1） この正規分布の分散は，例 8.6 の正規分布の分散と等しいと考えてよいか．有意水準を 10 ％ として検定せよ．

（2） この正規分布の平均は，例 8.6 の正規分布の平均と等しいと考えてよいか．有意水準を 5 ％ として検定せよ．

【解】 （1） 例 8.6，例 8.9 の正規分布のそれぞれの分散を σ_1^2, σ_2^2 とする．2 つの分布の分散は等しいと考えてよいかというのであるから，

$$\begin{cases} 帰無仮説\ H_0: \sigma_1^2 = \sigma_2^2 \\ 対立仮説\ H_1: \sigma_1^2 \neq \sigma_2^2 \end{cases}$$

を検定すればよい．$m = 12$, $n = 9$ であり，$F_8^{11}(0.05) = 3.31$, $F_{11}^8(0.05) = 2.95$ であるから，棄却域 W_1 は

$$W_1 = \left\{ f \,\middle|\, f < \frac{1}{2.95},\ f > 3.31 \right\} = \{\, f \mid f < 0.34,\ f > 3.31 \,\}$$

となる．例 8.6 の標本平均値 $\bar{x}$ は 4.65，不偏分散の値は $u_1^2 = 35.89/11$ であり，例 8.9 の標本平均値 $\bar{y}$ は 6.60，不偏分散の値は $u_2^2 = 37.14/8$ である．したがって

$$f = \frac{u_1^2}{u_2^2} = \frac{35.89/11}{37.14/8} = 0.703 \notin W_1$$

となり，2 つの正規分布の分散は等しくないとはいえない．

（2） 例 8.6，例 8.9 の正規分布の平均をそれぞれ μ_1, μ_2 とする．(1) によって帰無仮説 $\sigma_1^2 = \sigma_2^2$ は棄却されないので，$\sigma_1^2 = \sigma_2^2$ と考えて，

$$\begin{cases} 帰無仮説\ H_0: \mu_1 = \mu_2 \\ 対立仮説\ H_1: \mu_1 \neq \mu_2 \end{cases}$$

を検定する．この検定には **8.4** [B] で述べた手法を用いればよい．$m = 12$，$n = 9$ であるから，この検定の棄却域 W_2 は

$$W_2 = \{\, t \mid |t| > t_{19}(0.025) \,\} = \{\, t \mid |t| > 2.093 \,\}$$

となる．また，合併不偏分散の値は

$$u^2 = \frac{11u_1{}^2 + 8u_2{}^2}{12+9-2} = \frac{35.89 + 37.14}{12+9-2} = \frac{73.03}{19}$$

であるので,

$$t = \frac{4.65 - 6.60}{\sqrt{\left(\frac{1}{12} + \frac{1}{9}\right)\frac{73.03}{19}}} = -2.26 \in W_2.$$

したがって, 帰無仮説は棄却される. すなわち, 平均は等しくない. ◇

問 8.8 A 氏は自宅から勤務先まで自動車を運転して通勤している. 17 回の通勤について所要時間の平均値は 24.5 分, 標準偏差の値は 3.2 分であった. ある日, A 氏は通勤中に事故を起こしてしまった. 事故後の 10 回の通勤について所要時間の平均値は 27.8 分, 標準偏差の値は 4.3 分であった. 有意水準 10 % で次の検定をせよ. ただし, 通勤所要時間はそれぞれ独立で正規分布に従うとする.
 (1) 通勤所要時間の母分散は事故後変わったといえるか.
 (2) 通勤所要時間の母平均は事故後変わったといえるか.

8.6 対応がある場合

8.4 では確率変数 X と Y とは独立であるとして等平均の検定について述べたが, ここでは 2 つの確率変数 X と Y との間に対応がある場合の平均の差の検定を考えよう. これは例えば次のような問題である. あるヘルス・クラブの会員が 2 ヶ月間の体重減量コースに参加した. この体重減量コースに参加して効果があったかどうかを調べるため, 参加者のうち n 人についてこの体重減量コースに参加する前の体重 X と参加後の体重 Y を測定した. このとき, このコースに参加したことは, 体重減量に効果があったかどうかを考えてみよう.

このような場合, $X_1, X_2, \cdots, X_n$ と $Y_1, Y_2, \cdots, Y_n$ とは独立な標本ではない. 例えば, X_i の値が大きければ Y_i の値も大きいと考えられるであろう. つまり, 得られたデータは同一の母集団からの n 個の組になった標本 $(X_1, Y_1), (X_2, Y_2), \cdots, (X_n, Y_n)$ であるが, それぞれの標本の対のデータ

X_i, Y_i に関心があるのではなく，それらの差 $D_i = X_i - Y_i$ に関心があるので，これらの差が正規分布 $N(\mu_d, \sigma^2)$ に従う無作為標本であると考える．したがって，このとき

会員	1	2	$\cdots$	n
$D = X - Y$	$x_1 - y_1$	$x_2 - y_2$	$\cdots$	$x_n - y_n$

というデータが得られたことになる．また，問題は体重減量に効果があったかというのであるから，帰無仮説はこのコースに参加しても体重減量には効果がなかったとし，対立仮説は体重減量に効果があったとすればよい．つまり，このコースに参加前の体重から参加後の体重を引いたものの平均 μ_d について，仮説

$$\begin{cases} 帰無仮説\ H_0: \mu_d = 0 \\ 対立仮説\ H_1: \mu_d > 0 \end{cases}$$

を検定することになる．この検定は **8.2** の分散が未知の場合の平均の検定の項 [B] で述べた手法を用いて実行できる．

例 8.10

前述した体重減量のモデルにおいて，10人についてこのコースに参加前と参加後の体重 (x_i, y_i) を調べたところ次のような結果が得られた．この体重減量コースに参加することは，体重減量に効果があるといえるか．有意水準を 5% として検定せよ．

会員	1	2	3	4	5	6	7	8	9	10
x_i	66.5	82.4	75.2	95.1	89.2	85.1	77.8	70.3	84.6	72.8
y_i	67.9	79.7	67.9	87.4	84.2	80.6	75.4	73.2	82.5	71.2

【解】 帰無仮説 $H_0: \mu_d = 0$ の下では

$$T = \frac{\sqrt{10}\,\overline{D}}{U}$$

は自由度が 9 のティー分布 t_9 に従う．ここで，$\bar{D}, U^2$ は $D_i = X_i - Y_i$ ($i = 1, 2, \cdots, 10$) についての標本平均および不偏分散である．棄却域 W は
$$W = \{ t \mid t > t_9(0.05) \} = \{ t \mid t > 1.833 \}$$
となる．

次のデータ

会員	1	2	3	4	5	6	7	8	9	10
$d_i = x_i - y_i$	-1.4	2.7	7.3	7.7	5.0	4.5	2.4	-2.9	2.1	1.6

から標本平均値は $\bar{d} = 2.9$ であり，不偏分散の値 u^2 は
$$u^2 = \frac{1}{9} \{ (-1.4 - 2.9)^2 + (2.7 - 2.9)^2 + \cdots + (1.6 - 2.9)^2 \}$$
$$= \frac{104.12}{9} = 11.57$$
である．T の値を求めると
$$t = \frac{2.9\sqrt{10}}{\sqrt{11.57}} = 2.696 \in W$$
したがって，この体重減量コースに参加すれば減量に効果があると判断される．

◇

問 8.9 男性の 25 歳のときの握力は 20 歳のときの握力より強くなっているかどうかを調査するため，25 歳の 11 人の男性の握力 x_i と彼等の 20 歳のときの握力 y_i を調べて次の結果を得た（単位：kg）．このデータからみて男性の 25 歳のときの握力は 20 歳のときの握力より強くなっていると考えてよいか．有意水準を 5 ％ として検定せよ．

	1	2	3	4	5	6	7	8	9	10	11
x_i	47.5	48.2	42.1	48.6	51.0	40.9	51.4	41.7	44.0	47.6	43.5
y_i	48.9	46.9	40.1	49.7	47.6	40.6	48.9	40.5	41.7	49.7	44.2

演習問題 8

8.1 あるコインを投げたとき表が出る確率を p とし，仮説
$$\begin{cases} 帰無仮説\ H_0: p = 0.5 \\ 対立仮説\ H_1: p \neq 0.5 \end{cases}$$
を有意水準 5% で検定したい．このコインを 10 回投げて表の出る回数を X とする．そのとき，

(1) 棄却域を求めよ．

(2) 第一種の誤りの確率を求めよ．

(3) p の真の値が 0.75 であるとき，第二種の誤りの確率を求めよ．

8.2 正規分布 $N(\mu, 1)$ に従う 10 個の無作為標本を調べ，標本平均値 1.44 を得た．

(1) 次の仮説を検定せよ．
$$\begin{cases} 帰無仮説\ H_0: \mu = 2.0 \\ 対立仮説\ H_1: \mu \neq 2.0 \end{cases}$$

(2) 次の仮説を検定せよ．
$$\begin{cases} 帰無仮説\ H_0: \mu = 2.0 \\ 対立仮説\ H_1: \mu < 2.0 \end{cases}$$

(3) (2) において有意水準が 5% で，真の平均が 1.3 であるとき，第二種の誤りの確率を求めよ．

8.3 正規母集団からの観測値が次のようであった．これから母平均は 2.0 であるとみなしてよいか．

  2.4 2.5 1.2 1.9 2.1 2.6 2.5 2.7 1.5 2.2 1.3 1.7

8.4 ある機械で製作したボルト 49 個を無作為に抽出し，その直径を調べたところ平均値は 0.996 cm，標準偏差の値は 0.013 cm であった．この結果からこの機械で製造されるボルトの直径は 1 cm と考えてよいか．有意水準 5% で検定せよ．

8.5 3 つのブランド名の同容量のコーラ 1 缶に含まれているカフェインの量を調べたところ次の結果が得られた：

	標本数	標本平均	標準偏差
ブランド A	60	20.2 mg	1.35 mg
ブランド B	50	19.7 mg	1.25 mg
ブランド C	40	20.5 mg	1.40 mg

(1) ブランド A に含まれるカフェインの量はブランド B に含まれるカフェインの量より多いと判断してよいか．有意水準を 5％ として検定せよ．

(2) ブランド C のコーラ 1 缶に含まれているカフェインの量の期待値は 20 mg より大であると判断してよいか．有意水準を 10％ として検定せよ．

8.6 毎年，全国一斉に行われている英語の試験の昨年度の全受験者の平均得点は 122.6 であり，その分散は $(22.5)^2$ であった．A 大学からこの試験の受験者のうち 24 人を無作為に選んで成績を調べた結果，その平均得点は 128.8，標本分散の値は $(27.6)^2$ であった．そのとき，次のことを検定せよ．

(1) A 大学の学生の英語の実力は全国的にみて優秀といえるか．

(2) A 大学の学生の英語の実力は全国的にみてばらつきが大きいといえるか．

8.7 U 大学の P 教授は 2 つの学部で共通の英語の試験をした．採点後，A 学部の学生のうち 17 人を調べたところ平均点は 61.2，標準偏差は 15.5 であった．また，B 学部の学生のうち 13 人を調べたところ平均点は 64.3，標準偏差は 12.6 であった．そのとき，次のことを有意水準 10％ で検定せよ．

(1) 英語の学力について，A 学部の学生と B 学部の学生とでは，ばらつきが異なるといえるか．

(2) 英語の学力は B 学部の学生の方が A 学部の学生より優秀であるといえるか．

8.8 ある養鶏場では鶏を A, B 2 つのグループに分けそれぞれ別の飼料で育てている．各グループから 10 羽を選び，1 ヶ月間に産卵した卵の全重量を調べたところ次の結果が得られた（単位：g）：

A	1785	1779	1790	1751	1724	1746	1742	1721	1796	1786
B	1766	1695	1717	1685	1708	1713	1711	1716	1732	1727

1 羽当たりの 1 ヶ月間の産卵重量は正規分布に従うとして，次のことを検定せよ．

(1) 両グループの 1 羽当たりの 1 ヶ月間の産卵重量の分散は等しいと考えてよいか．

(2) (1) の結果をふまえ，A グループの 1 羽当たりの 1 ヶ月間の産卵重量の平均は B グループの 1 羽当たりの 1 ヶ月間の産卵重量の平均より多いと考えてよいか．

9章　いろいろな検定

9.1　母比率に関する検定

[A]　母比率の検定

$$Z = \frac{\sqrt{n}(\hat{p} - p_0)}{\sqrt{p_0(1 - p_0)}}, \quad W = \{\, z \mid |z| > z(\alpha/2)\,\}$$

母集団のある事象 A の確率を $P(A) = p$ とし，母集団から大きさ n の無作為標本を抽出したとき，事象 A に属する標本の標本比率を $\hat{p}$ とする．このとき，p の値を p_0 とみなすべきかいなか，すなわち，仮説

$$\begin{aligned}&\text{帰無仮説 } H_0: \ p = p_0 \\ &\text{対立仮説 } H_1: \ p \neq p_0\end{aligned}$$

の検定を考えよう．

帰無仮説 $H_0: p = p_0$ の下では，検定統計量

$$Z = \frac{\sqrt{n}(\hat{p} - p_0)}{\sqrt{p_0(1 - p_0)}}$$

は近似的に標準正規分布 $N(0,1)$ に従うので，有意水準を α として，この検定の棄却域 W は Z の値 z に対して

$$W = \{\, z \mid |z| > z(\alpha/2)\,\}$$

となる．ここで，$z(\alpha/2)$ は標準正規分布の上側 $\alpha/2$ 点である．

また片側対立仮説に対しては，有意水準を α として，棄却域は

右側仮説 $H_1': \ p > p_0$ のとき　　$W' = \{\, z \mid z > z(\alpha)\,\}$

左側仮説 $H_1'': \ p < p_0$ のとき　　$W'' = \{\, z \mid z < -z(\alpha)\,\}$

となる．ここで，$z(\alpha)$ は標準正規分布の上側 α 点である．

▶注　標本数 n の値が小さいときには正規分布への近似がよくない．この検定方法を用いるには事象 A に属するものの標本数，および事象 A に属さないものの標本数が共に 5 以上である程度に n は大きくなければならない．

例 9.1

ある工場で生産されている製品の不良率は従来 2％ であった．この工場で，ある週に製造した製品の中から 400 個を無作為に抽出して検査したところ，14 個の不良品があった．製造工程に異常が生じたと判断してよいであろうか．有意水準を 5％ として検定せよ．

【解】　この週に製造された製品の不良率を p とする．p は従来通り 2％ であると考えてよいか，それとも製造工程に何らかの異常が生じ，p は 2％ ではないと考えるべきか，というのであるから，帰無仮説 H_0 は $p = 0.02$，対立仮説 H_1 は $p \neq 0.02$ ととる．すなわち，2つの仮説

$$\begin{cases} 帰無仮説\ H_0: & p = 0.02 \\ 対立仮説\ H_1: & p \neq 0.02 \end{cases}$$

のどちらが成り立っているかを検定すればよい．有意水準は 5％ であるのでこの検定の棄却域 W は Z の値 z について

$$W = \{z \mid |z| > z(0.025)\} = \{z \mid |z| > 1.96\}$$

であり，標本比率 $\hat{p} = 0.035$ であるから，Z の値は

$$z = \frac{\sqrt{400}(0.035 - 0.02)}{\sqrt{0.02 \times 0.98}} = 2.14 \in W$$

であり帰無仮説は棄却される．すなわち，この製造工程には異常が生じたと判断される．　　　　　　　　　　　　　　　　　　　　　　　　　　　◇

［B］　母比率の差の検定

$$Z = \frac{\hat{p}_1 - \hat{p}_2}{\sqrt{\dfrac{\hat{p}_1(1-\hat{p}_1)}{m} + \dfrac{\hat{p}_2(1-\hat{p}_2)}{n}}}, \quad W = \{z \mid |z| > z(\alpha/2)\}$$

ここでは 2 つの母集団の ある事象に関する確率 p_1, p_2 のどちらも未知であるとき，これらの確率を等しいとみなしてよいかどうか，すなわち，

$$\text{帰無仮説 } H_0: \; p_1 = p_2$$
$$\text{対立仮説 } H_1: \; p_1 \neq p_2$$

の検定について考える．この事象について確率が p_1 である第 1 の母集団から m 個，確率が p_2 である第 2 の母集団から n 個の無作為標本を抽出したとき，これらのうちこの事象に属するものの標本比率をそれぞれ $\hat{p}_1$ および $\hat{p}_2$ とする．このとき，p_1, p_2 の最尤推定量はそれぞれ $\hat{p}_1, \hat{p}_2$ である．m, n が十分大きいとき，$\hat{p}_1 - \hat{p}_2$ は近似的に平均，および分散がそれぞれ

$$\text{平均：} p_1 - p_2, \qquad \text{分散：} \frac{p_1(1-p_1)}{m} + \frac{p_2(1-p_2)}{n}$$

である正規分布に従う．またこのとき，大数の法則（定理 5.5）によって p_1, p_2 はそれぞれ $\hat{p}_1, \hat{p}_2$ で近似できるから，帰無仮説 $H_0: p_1 = p_2$ の下では

$$Z = \frac{\hat{p}_1 - \hat{p}_2}{\sqrt{\dfrac{\hat{p}_1(1-\hat{p}_1)}{m} + \dfrac{\hat{p}_2(1-\hat{p}_2)}{n}}}$$

が標準正規分布近似できることになる．したがって，有意水準が α のとき，この検定の棄却域は

$$W = \{\, z \mid |z| > z(\alpha/2) \,\}$$

である．

例 9.2

関東地方と関西地方において「あなたは納豆が好きですか」というアンケート調査を行った．関東地方では 199 人のうち 163 人が好きだと答え，関西地方では 145 人のうち 79 人が好きだと答えた．納豆が好きな人の割合は関東地方の方が関西地方より多いか．有意水準 1％ で検定せよ．

【解】 関東地方での納豆の好きな人の比率を p_1，関西地方での納豆の好きな人の比率を p_2 として

$$\begin{cases} \text{帰無仮説 } H_0: \; p_1 = p_2 \\ \text{対立仮説 } H_1: \; p_1 > p_2 \end{cases}$$

を検定すればよい．棄却域 W は Z の値 z について
$$W = \{z \mid z > z(\alpha)\} = \{z \mid z > 2.325\}$$
である．また，$\widehat{p_1} = \dfrac{163}{199}$，$\widehat{p_2} = \dfrac{79}{145}$ であるから Z の値 z は

$$z = \frac{\dfrac{163}{199} - \dfrac{79}{145}}{\sqrt{\dfrac{163}{199} \times \dfrac{36}{199} \times \dfrac{1}{199} + \dfrac{79}{145} \times \dfrac{66}{145} \times \dfrac{1}{145}}} = 5.54 \in W$$

となり，帰無仮説は棄却される．すなわち，納豆の好きな人の割合は関東地方の方が関西地方より多い． ◇

問 9.1 ある野球チームが1シーズンに140試合を戦った結果，79勝61敗であった．このチームが1試合に勝つ確率は 0.5 より大きいと考えてよいか．有意水準を5％として検定せよ．

問 9.2 ある銘柄の洗濯用洗剤のシェア（市場占有率）は従来 20％ であった．この洗剤の製造会社はシェアを増やすため，2ヶ月間にわたるキャンペーンを行い，その後に 800 人にインタビューをした．有意水準を5％とするとき，このキャンペーンがシェア増加に効果があったと判断するためには少なくとも何人がこの洗剤を購入していなければならないか．

9.2 適合度の検定

これまでは，ある確率変数は例えば正規分布に従うとか，あるいはポアソン分布に従うとかいうように，分布の型はあらかじめわかっており，その分布の母数の値がわからないものとし，未知である母数に関する推定や検定を取り扱ってきた．しかし，実際は本当に正規分布に従うのかどうかとか，ポアソン分布に従うのかどうかというように，分布の型に関する検定の方が先行する問題である．ここでは得られたデータからこれを ある特定の確率分布に従う標本とみなしてよいかどうかの検定，すなわち**適合度検定**(test of goodness of fit)について述べよう．

9.2 適合度の検定

[A] 未知母数を含まない場合

$$X = \sum_{i=1}^{k} \frac{(n_i - np_i)^2}{np_i}, \quad W = \{\, x \mid x > \chi^2_{k-1}(\alpha) \,\}$$

母集団が互いに排反な k 個の事象 $A_1, A_2, \cdots, A_k$ に分けられ，ある個体が事象 $A_1, A_2, \cdots, A_k$ に属する確率はそれぞれ $P(A_1), P(A_2), \cdots, P(A_k)$ であるとする．この母集団から n 個の無作為標本を抽出し，これらの標本をもとに，$1 \leq i \leq k$ であるすべての i について $P(A_i) = p_i$ が成立しているとみなしてよいか，それとも，どれかの i について $P(A_i)$ は p_i と異なるとみなすべきかの検定，つまり，仮説

帰無仮説 H_0 : $P(A_i) = p_i$ $(i = 1, 2, \cdots, k)$
対立仮説 H_1 : どれかの i について $P(A_i) \neq p_i$

の検定について考えよう．ここで p_i はすべて定数であり，

$$p_1 + p_2 + \cdots + p_k = 1$$

を満たすものとする．

この母集団から n 個の無作為標本を抽出したとき，帰無仮説の下では各事象 $A_1, A_2, \cdots, A_k$ からの標本の数の期待値はそれぞれ $np_1, np_2, \cdots, np_k$ であるが，これを**期待度数**と呼ぶ．一方，抽出した標本のうちで，実際に各事象 $A_1, A_2, \cdots, A_k$ に属する標本の数を $n_1, n_2, \cdots, n_k$ とすると $n_1 + n_2 + \cdots + n_k = n$ が成立する．この実際に観測した標本の数 $n_1, n_2, \cdots, n_k$ を**観測度数**と呼ぶ．

表 9.1 期待度数と観測度数

事　象	A_1	A_2	$\cdots$	A_k	計
生起確率	p_1	p_2	$\cdots$	p_k	1
期待度数	np_1	np_2	$\cdots$	np_k	n
観測度数	n_1	n_2	$\cdots$	n_k	n

このとき，$(n_1, n_2, \cdots, n_k)$ は多項分布

$$p(n_1, n_2, \cdots, n_k) = \frac{n!}{n_1! \, n_2! \cdots n_k!} p_1^{n_1} p_2^{n_2} \cdots p_k^{n_k}$$

に従う．二項分布 $Bin(n, p)$ は n が大きいとき正規分布 $N(np, np(1-p))$ で近似できるように，多項分布も n が大きいとき，

$$\left(\frac{n_1 - np_1}{\sqrt{np_1}}, \frac{n_2 - np_2}{\sqrt{np_2}}, \cdots, \frac{n_k - np_k}{\sqrt{np_k}} \right)$$

は多次元正規分布で近似できることが知られている．また，n が大きいとき，

$$X = \frac{(n_1 - np_1)^2}{np_1} + \frac{(n_2 - np_2)^2}{np_2} + \cdots + \frac{(n_k - np_k)^2}{np_k}$$

は自由度が $k-1$ のカイ2乗分布 χ^2_{k-1} で近似できることが知られている．事象の数が k であるのに自由度が $k-1$ になるのは $n_1 + n_2 + \cdots + n_k = n$ という条件があるためである．ところで，$|n_i - np_i|$ は事象 A_i についての観測度数と期待度数とのずれを表しており，$\dfrac{(n_i - np_i)^2}{np_i}$ はこの事象についての観測度数と期待度数との相対的なずれの程度を表している．したがって，X の値がある値 c より大きいときには帰無仮説は正しくないと判断し，X の値がこの値 c より小さいときには，帰無仮説は正しいと判断するのが合理的である．

有意水準が α であるときには，c の値は帰無仮説が正しいとき $X \geq c$ となる確率が α となるように，つまり，帰無仮説の下で

$$P_0(X \geq c) = \alpha$$

が成立するようにとればよい．上述のように帰無仮説の下では

$$X = \sum_{i=1}^{k} \frac{(n_i - np_i)^2}{np_i}$$

は自由度 $k-1$ のカイ2乗分布近似できるから，$c = \chi^2_{k-1}(\alpha)$ であり有意水準が α のとき，棄却域 W はこの X の実現値 x に対して

$$W = \{ x \mid x > \chi^2_{k-1}(\alpha) \}$$

となる．ただし，$\chi^2_{k-1}(\alpha)$ は自由度が $k-1$ のカイ2乗分布の上側 α 点である．この検定を**カイ2乗適合度検定**という．

▶注　観測度数の値 n_i に小さいものがあるときには，カイ2乗分布への近似がよくないので，標本数を増やすとか，いくつかのクラスを合併して1つのクラスにするとかする必要がある．すべての i について $n_i \geq 5$ 程度に n が大きければよい．

例 9.3

ある豆科の植物 564 株の花の色を調べた結果，白色のものが 149 株，桃色のものが 291 株，赤色のものが 124 株あった．この結果から，この豆科の植物の花の色は白色，桃色，赤色であるものの比が 1：2：1 であると判断してよいか．有意水準を 5％として検定せよ．

【解】　次の仮説を検定すればよい．

$$\begin{cases} 帰無仮説\ H_0: & 白色：桃色：赤色 = 1：2：1 \\ 対立仮説\ H_1: & 白色：桃色：赤色 \neq 1：2：1 \end{cases}$$

事　象	白色	桃色	赤色	計
生起確率	0.25	0.5	0.25	1
期待度数	141	282	141	564
観測度数	149	291	124	564

棄却域 W は X の値 x について

$$W = \{\, x \mid x > \chi^2_2(0.05) \,\} = \{\, x \mid x > 5.991 \,\}$$

となり，x の値を求めると

$$x = \frac{(149-141)^2}{141} + \frac{(291-282)^2}{282} + \frac{(124-141)^2}{141}$$
$$= \frac{64}{141} + \frac{81}{282} + \frac{289}{141} = \frac{787}{282} = 2.79 \notin W$$

であるから帰無仮説は採択される．すなわち，白色：桃色：赤色 の比は 1：2：1 でないとはいえない．　　　　　　　　　　　　　　　　　　　　　　　　◇

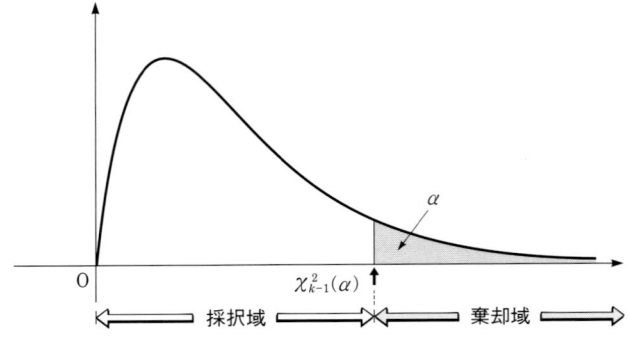

図 9.1　カイ 2 乗適合度検定の棄却域と採択域

［B］　未知母数を含む場合

$$X = \sum_{i=1}^{k} \frac{(n_i - n\widehat{p}_i)^2}{n\widehat{p}_i}, \quad W = \{\, x \mid x > \chi^2_{k-t-1}(\alpha)\,\}$$

　ここでは母集団の ある特性値がいくつかの未知母数を含む分布 F_θ に従っているかどうかの検定を考えよう．分布 F_θ の母数 θ には t 個の未知母数 $\theta = (\theta_1, \theta_2, \cdots, \theta_t)$ があるものとする．例えば，母集団の ある特性値が λ の値が未知であるポアソン分布 $Po(\lambda)$ に従っているか というのであれば，ポアソン分布は唯一つの母数 λ によって定まるから $t = 1$ である．また，平均，分散が共に未知である正規分布に従っているか というのであれば，正規分布はその期待値 μ と分散 σ^2 が定まれば完全に定まるから $t = 2$ である．また，分散 σ^2 はわかっているが，平均 μ の値がわからない正規分布に従っているかというのであれば，$t = 1$ である．

　帰無仮説 H_0 がいくつかの未知母数を含むときには生起確率は未知母数 θ を含む．すなわち，$p_i = P_0(A_i) = p_i(\theta)$ となる．したがって，未知母数の最尤推定量 $\widehat{\theta}$ を求め，生起確率の推定量を $\widehat{p}_i = p_i(\widehat{\theta})$ として期待度数 $e_i = n\widehat{p}_i = np_i(\widehat{\theta})$ を計算すればよい．母集団が k 個の事象 $A_1, A_2, \cdots, A_k$ に分けられ，n 個の無作為標本を抽出したとき，事象 A_i からの標本数を n_i とする．未知母数が t 個あるときには n が十分大きければ

9.2 適合度の検定

$$X = \sum_{i=1}^{k} \frac{(n_i - n\widehat{p}_i)^2}{n\widehat{p}_i}$$

は自由度が $k-t-1$ のカイ2乗分布で近似できることが知られている．このことを用いて仮説

> 帰無仮説 H_0： 母集団の分布は F_θ である
> 対立仮説 H_1： 母集団の分布は F_θ ではない

の検定ができる．

例 9.4

次のデータは ある地方における最近 300 日間の交通事故発生件数である．1日の交通事故発生件数はポアソン分布に従っているとみなせるか．有意水準 5％ で検定せよ．

発生件数	0	1	2	3	4	5	6	7
日数	71	98	65	34	16	11	4	1

【解】 母集団は1日の交通事故発生件数によって，8つの事象 $A_0, A_1, \cdots, A_7$ に分けられる．調査した 300 日の A_i の観測度数をもとに，次の2つの仮説を検定すればよい．

$$\begin{cases} 帰無仮説\ H_0： ポアソン分布に従っている \\ 対立仮説\ H_1： ポアソン分布に従っていない \end{cases}$$

ポアソン分布 $Po(\lambda)$ の期待値は λ であり，母数 λ の最尤推定値は標本平均値 $\bar{x} = 1.6$ である．したがって，ポアソン分布 $Po(1.6)$ をあてはめる．A_7 の観測度数は1であるから，これを A_6 とまとめて事象の数 k は7となる．帰無仮説の下での事故発生件数が i である生起確率は

$$\widehat{p}_i = \frac{1}{i!}(1.6)^i e^{-1.6} \quad (i=0,1,\cdots,5), \qquad \widehat{p}_6 = 1-(p_0+p_1+\cdots+p_5)$$

であり，これから，次のページの表が得られる．1つの母数 λ を推定したので，自由度は $k-t-1 = 7-1-1 = 5$ であり，棄却域 W は

$$W = \{\,x \mid x > \chi_5^2(0.05)\,\} = \{\,x \mid x > 11.070\,\}$$

である．X の値 x は

事象	A_0	A_1	A_2	A_3	A_4	A_5	A_6	計
生起確率	0.202	0.323	0.258	0.138	0.055	0.018	0.006	1.0
期待度数	60.57	96.91	77.53	41.35	16.54	5.29	1.81	300
観測度数	71	98	65	34	16	11	5	300

$$x = \frac{(71-60.57)^2}{60.57} + \frac{(98-96.91)^2}{96.91} + \cdots + \frac{(5-1.81)^2}{1.81} = 16.920 \in W.$$

したがって，帰無仮説は棄却されるから，ポアソン分布に従っているとはいえない． ◇

例 9.5

次の表はある大学の A 学部の男子学生 120 名の身長 X（単位：cm）を調べた結果である．この学部の男子学生の身長は正規分布に従っていると判断してよいか．有意水準 5% で検定せよ．ただし，159‐162 は 159 を超え 162 以下，‐165 は 162 を超え 165 以下，…，183‐186 は 183 を超え 186 以下を意味する．

階級	159‐162	‐165	‐168	‐171	‐174	‐177	‐180	‐183	183‐186
度数	2	9	17	30	28	16	10	5	3

【解】
$$\begin{cases} 帰無仮説\ H_0：\ 正規分布に従っている \\ 対立仮説\ H_1：\ 正規分布に従っていない \end{cases}$$

を検定すればよい．平均 μ および分散 σ^2 の最尤推定値はそれぞれ標本平均値 $\bar{x}$，標本分散の値 s^2 であり，各階級の比率の推定値 $\hat{p}_i$ と周辺度数 e_i は

$$\hat{p}_i = F_i - F_{i-1}, \qquad e_i = n\hat{p}_i \qquad (i = 1, 2, \cdots, k-1)$$

である．ただし，n は標本数であり，$F_0 = 0$ である．最後の階級については

$$\hat{p}_k = 1 - F_{k-1}, \qquad e_k = n\hat{p}_k$$

によって求める．

162 以下の度数は 5 未満であるので 162‐165 とまとめる．同様に 183 以上の度数も 5 未満であるので 180‐183 とまとめる．この結果，階級の数は 7 となる．$\theta = (\mu, \sigma^2)$，$\hat{\theta} = (\bar{x}, s^2)$ として適合度検定を行うことになる．このデータに

9.2 適合度の検定

対して，**2.2 データの特性値** の項で記したように計算すると
$$\bar{x} = 171.6, \qquad s^2 = 26.19 = (5.12)^2$$
となる．したがって，各階級の生起確率の推定値を求めるために，正規分布 $N(171.6, (5.12)^2)$ をあてはめることになる．すなわち，各階級の上限 a_i に対して，z-変換を行って

$$F_i = P(X \leq a_i) = P\left(\frac{X - 171.6}{5.12} \leq \frac{a_i - 171.6}{5.12}\right)$$
$$= P(Z \leq z_i), \qquad z_i = \frac{a_i - 117.6}{5.12} \quad (i = 1, 2, \cdots, k-1)$$

により，標準正規分布表から F_i を求める．

以上によって表9.2が得られる．正規分布の平均と分散を推定したので $t = 2$ であり，自由度は $7 - 2 - 1 = 4$ である．したがって，棄却域 W は X の値 x について

$$W = \{\, x \mid x > \chi_4^2(0.05) \,\} = \{\, x \mid x > 9.49 \,\}$$

となる．X の値 x は

$$x = \frac{(11 - 11.82)^2}{11.82} + \frac{(17 - 17.22)^2}{17.22} + \frac{(30 - 25.22)^2}{25.22} +$$
$$+ \frac{(28 - 27.43)^2}{27.43} + \frac{(16 - 20.95)^2}{20.95} + \frac{(10 - 11.29)^2}{11.29} + \frac{(8 - 6.06)^2}{6.06}$$
$$= 2.92 \notin W$$

であり，帰無仮説は採択される．すなわち，このデータは正規分布に従っていると考えてよい． ◇

表9.2　正規分布のあてはめ

階級 i	階級の範囲 $a_{i-1} \sim a_i$	度数 n_i	z_i	F_i	$\widehat{\widehat{p}}_i$	e_i
1	159 ～ 165	11	-1.29	0.0985	0.0985	11.82
2	165 ～ 168	17	-0.70	0.2420	0.1435	17.22
3	168 ～ 171	30	-0.12	0.4522	0.2102	25.22
4	171 ～ 174	28	0.47	0.6808	0.2286	27.43
5	174 ～ 177	16	1.06	0.8554	0.1746	20.95
6	177 ～ 180	10	1.64	0.9495	0.0941	11.29
7	180 ～ 186	8		1.0000	0.0505	6.06

問 9.3 次の表は競馬 144 回のレースにおいて 1 位になった馬の枠順を調べたものである．競馬において 1 位になる確率は枠によって差があるか．有意水準 10 ％で検定せよ．

枠	1	2	3	4	5	6	7	8	計
度数	29	19	18	25	17	10	15	11	144

問 9.4 ある人が 1 日に受け取った電子メールの件数を 100 日間調べたところ，次のようになった．このデータはポアソン分布に従っているとみなせるか．有意水準 5 ％で検定せよ．

受け取り件数	0	1	2	3	4	5	6
日数	19	32	21	14	7	5	2

9.3　独立性の検定

例えば，種々の政党に対する支持率と有権者の年齢，あるいは，喫煙習慣と肺ガン罹病者数などのように 2 種類の要因が統計的に独立かどうかを検定することを考えよう．

[A]　$r \times c$ 分割表

$$X = \sum_{i=1}^{r} \sum_{j=1}^{c} \frac{\left(n_{ij} - \dfrac{n_{i\cdot} n_{\cdot j}}{n}\right)^2}{\dfrac{n_{i\cdot} n_{\cdot j}}{n}}, \quad W = \{ x \mid x > \chi^2_{(r-1)(c-1)}(\alpha) \}$$

母集団の各要素には 2 種類の要因 A, B が対応しており，第 1 の要因は r 個の事象 $A_1, A_2, \cdots, A_r$ に分割され，第 2 の要因は c 個の事象 $B_1, B_2, \cdots, B_c$ に分割されるとする．この母集団から n 個の無作為標本を抽出したとき，A_i かつ B_j であるものの標本数を n_{ij} とすると次のページの表 9.3 が得られる．このような表を **$r \times c$ 分割表** という．

9.3 独立性の検定

表9.3 $r \times c$ 分割表

	B_1	B_2	$\cdots$	B_c	計
A_1	n_{11}	n_{12}	$\cdots$	n_{1c}	$n_{1\bullet}$
A_2	n_{21}	n_{22}	$\cdots$	n_{2c}	$n_{2\bullet}$
$\vdots$	$\vdots$	$\vdots$	$\ddots$	$\vdots$	$\vdots$
A_r	n_{r1}	n_{r2}	$\cdots$	n_{rc}	$n_{r\bullet}$
計	$n_{\bullet 1}$	$n_{\bullet 2}$	$\cdots$	$n_{\bullet c}$	n

$$n_{i\bullet} = \sum_{j=1}^{c} n_{ij} \quad (\text{行周辺度数})$$

$$n_{\bullet j} = \sum_{i=1}^{r} n_{ij} \quad (\text{列周辺度数})$$

$$n = \sum_{i=1}^{r} \sum_{j=1}^{c} n_{ij} = \sum_{i=1}^{r} n_{i\bullet} = \sum_{j=1}^{c} n_{\bullet j}$$

これをもとに次の仮説

> 帰無仮説 H_0： 要因Aと要因Bとは独立である
> 対立仮説 H_1： 要因Aと要因Bとは独立ではない

を検定する．母集団は $A_i \cap B_j$（$i=1,2,\cdots,r$; $j=1,2,\cdots,c$）の $r \times c$ 個の事象に分割されるが，要因Aについての周辺確率 $p_{i\bullet} = P(A_i)$（$i=1,2,\cdots,r$）の最尤推定値は抽出した標本数 n に対する事象 A_i からの標本数 $n_{i\bullet}$ の割合 $n_{i\bullet}/n$ であり，要因Bについての周辺確率 $p_{\bullet j} = P(B_j)$（$j=1,2,\cdots,c$）の最尤推定値も同様に $n_{\bullet j}/n$ である．

ところで，要因Aについては

$$\frac{n_{1\bullet}}{n} + \frac{n_{2\bullet}}{n} + \cdots + \frac{n_{r\bullet}}{n} = 1$$

であるから，実際に推定する $P(A_i)$ の個数は $r-1$ 個である．同様に，要因Bについても実際に推定する $P(B_j)$ の個数は $c-1$ 個であり，全体では $t = r + c - 2$ 個の母数を推定することになる．また，n 個の標本を抽出したとき，帰無仮説「要因Aと要因Bとは確率的に独立である」の下ではクラス $A_i \cap B_j$ であるものの期待度数 e_{ij} は

$$e_{ij} = n \times \frac{n_{i\bullet}}{n} \times \frac{n_{\bullet j}}{n} = \frac{n_{i\bullet} n_{\bullet j}}{n}$$

であるから

$$\sum_{i=1}^{r}\sum_{j=1}^{c}\frac{(n_{ij}-e_{ij})^2}{e_{ij}} = \sum_{i=1}^{r}\sum_{j=1}^{c}\frac{\left(n_{ij}-\frac{n_{i\cdot}n_{\cdot j}}{n}\right)^2}{\frac{n_{i\cdot}n_{\cdot j}}{n}}$$

は，n が十分に大きいとき自由度が

$$rc - t - 1 = rc - (r + c - 2) - 1$$
$$= (r-1)(c-1)$$

のカイ 2 乗分布 $\chi^2_{(r-1)(c-1)}$ に従う確率変数の実現値とみなすことができる．したがって，

$$X = \sum_{i=1}^{r}\sum_{j=1}^{c}\frac{\left(n_{ij}-\frac{n_{i\cdot}n_{\cdot j}}{n}\right)^2}{\frac{n_{i\cdot}n_{\cdot j}}{n}}$$

とおくと，有意水準が α のとき，棄却域 W は X の値 x に対して

$$W = \{\, x \mid x > \chi^2_{(r-1)(c-1)}(\alpha) \,\}$$

となる．このような検定を**独立性の検定**という．

▶注　独立性の検定を行う場合も，n_{ij} に小さい値があるときにはカイ2乗分布への近似がよくない．すべての i,j について $n_{ij} \geq 5$ となる程度に n は大きくとらねばならない．5未満の度数のものがあるときには標本数を増やすなり，クラスを合併するなりして $n_{ij} \geq 5$ となるようにすることが必要である．

例 9.6

次の表は ある大学におけるフランス語，ドイツ語，ロシア語の学年末の成績評価の表である．科目と成績評価は独立と考えてよいか．有意水準を 10 ％ として検定せよ．

	優	良	可	不可	計
フランス語	68	76	78	18	240
ドイツ語	42	50	50	18	160
ロシア語	13	18	34	15	80
計	123	144	162	51	480

9.3 独立性の検定

【解】 帰無仮説 H_0：「フランス語，ドイツ語，ロシア語の授業科目と成績評価は独立である」を検定すればよい．$r=3$, $c=4$ であるので棄却域は
$$W = \{\, x \mid x > \chi_6^2(0.1) \,\} = \{\, x \mid x > 10.645 \,\}$$
となる．期待度数を求めると下の表のようになる．

	優	良	可	不可	計
フランス語	61.5	72	81	25.5	240
ドイツ語	41	48	54	17	160
ロシア語	20.5	24	27	8.5	80
計	123	144	162	51	480

x の値は
$$x = \frac{(68-61.5)^2}{61.5} + \frac{(76-72)^2}{72} + \cdots + \frac{(15-8.5)^2}{8.5} = 14.72 \in W$$
となり，帰無仮説は棄却される．すなわち，フランス語，ドイツ語，ロシア語の授業科目と成績評価は独立ではない． ◇

[B] 2×2 分割表

$$x = \frac{n(ad-bc)^2}{(a+b)(c+d)(a+c)(b+d)}, \quad W = \{\, x \mid x > \chi_1^2(a) \,\}$$

独立性の検定において $A_1 =$ 「男性」，$A_2 =$ 「女性」，$B_1 =$ 「喫煙習慣あり」，$B_2 =$ 「喫煙習慣なし」のように 2×2 分割表はよく用いられ，容易に検定が可能であるので，ここに別に記しておこう．表 9.4 のような 2×2 分割表が得られたとしょう．

表 9.4 2×2 分割表

	B_1	B_2	計
A_1	a	b	$a+b$
A_2	c	d	$c+d$
計	$a+c$	$b+d$	$n = a+b+c+d$

このとき，
$$x = \frac{n(ad-bc)^2}{(a+b)(c+d)(a+c)(b+d)}$$
となる．したがって，この x の値を自由度が1のカイ2乗分布 χ_1^2 の実現値として検定することができ，有意水準が α のときには棄却域 W は
$$W = \{\, x \mid x > \chi_1^2(\alpha) \,\}$$
である．

問 9.5 2×2 分割表において，x は
$$x = \frac{n(ad-bc)^2}{(a+b)(c+d)(a+c)(b+d)}$$
であることを示せ．

問 9.6 心臓病といびきとが独立かどうかを調べるため調査したところ次のデータが得られた．この結果から心臓病といびきとは独立であるといえるか，有意水準5％で検定せよ．

	かかない	ときどきかく	ほとんど毎日かく	毎日かく	計
症状あり	24	35	21	30	110
症状なし	1355	603	192	224	2374
計	1379	638	213	254	2484

問 9.7 ある病気に対する予防注射の有効性を調べるために320人を調査したところ次の結果が得られた．この予防注射は有効であるといえるか．有意水準5％で検定せよ．有意水準が10％ならどうか．

	罹病者	非罹病者	計
予防注射を受けた	35	135	170
予防注射を受けなかった	43	107	150
計	78	242	320

9.4 寿命データの解析

[A] 寿命データ

　寿命とは本来生物の生存期間を意味する．しかし寿命の概念は多岐に拡張され，機械システムが使用されうる期間，素粒子や放射性元素などがある特定の状態で存在する期間，あるいは医者が患者に治療を始めてからその効果が現れるまでの時間などを寿命とみなすこともできる．ここでは正の値だけをとる連続データを寿命データと考えることにする．

　寿命を表す確率変数を X とし，その分布関数を $F(x)$，密度関数を $f(x)$ とする．すなわち

$$F(x) = P(X \leq x) = \int_0^x f(t)\,dt$$

が成立する．このとき，

$$\lambda(x) = \frac{f(x)}{1 - F(x)}$$

を X の**故障率関数**（failure rate function）または**危険率関数**（hazard rate function）という．$X, F(x), f(x), \lambda(x)$ の間には次の関係

$$P(t \leq X \leq t + \Delta t \mid X \geq t) = \frac{P(t \leq X \leq t + \Delta t,\, t \leq X)}{P(t \leq X)}$$

$$= \frac{P(t \leq X \leq t + \Delta t)}{P(t \leq X)}$$

$$\fallingdotseq \frac{f(t)\Delta t}{1 - F(t)} = \lambda(t)\,\Delta t$$

が成り立つ．この式から，故障率関数 $\lambda(t)$ は寿命 X が t 以上あるという条件の下での条件付き瞬間故障率を表していることがわかる．

定理 9.1　X を連続型の確率変数とし，その分布関数を $F(x)$，故障率関数を $\lambda(x)$ とする．このとき，次の式が成り立つ：

$$F(x) = 1 - \exp\left\{-\int_0^x \lambda(t)\,dt\right\} \qquad \text{ただし,}\ \int_0^\infty \lambda(t)\,dt = \infty.$$

[証明]
$$\lambda(x) = \frac{f(x)}{1-F(x)} = -\frac{\{1-F(x)\}'}{1-F(x)}$$

であり，$F(0)=0$ であるから

$$\int_0^x \lambda(t)\,dt = -\int_0^x \frac{\{1-F(t)\}'}{1-F(t)}\,dt$$
$$= -\Big[\log\{1-F(t)\}\Big]_0^x$$
$$= -\log\{1-F(x)\}$$

が成り立つ．したがって，

$$\log\{1-F(x)\} = -\int_0^x \lambda(t)\,dt$$

すなわち，

$$F(x) = 1 - \exp\left\{-\int_0^x \lambda(t)\,dt\right\}$$

が成立する． □

確率変数 X が指数分布 $Ex(\lambda)$ に従うとき，その密度関数 $f(x)$ は
$$f(x) = \lambda e^{-\lambda x}$$
であり，その期待値は $1/\lambda$ である．また，この確率変数 X の故障率関数が定数 λ であることは容易に確かめられる．

逆に，故障率関数が定数 λ である連続型の分布は，母数が λ の指数分布 $Ex(\lambda)$ であることが定理9.1より導かれる．

寿命を表す確率変数を X とし，寿命 X が s ($s \geq 0$) 以上あるという条件の下で，寿命がさらに t ($t \geq 0$) 以上あるという条件付き確率は

$$P(X \geq s+t \mid X \geq s) = \frac{P(X \geq s+t,\ X \geq s)}{P(X \geq s)}$$
$$= \frac{P(X \geq s+t)}{P(X \geq s)}$$

と表される．この条件付き確率が，寿命 X が t 以上ある確率 $P(X \geq t)$ に等しい：

$$P(X \geq s+t \mid X \geq s) = P(X \geq t).$$

つまり

$$P(X \geq s+t) = P(X \geq s)\,P(X \geq t)$$
が任意の s, t ($s, t \geq 0$) について成立するとき，この確率変数 X には**無記憶性**があるという．X を指数分布 $Ex(\lambda)$ に従う確率変数とすると
$$P(X \geq x) = 1 - F(x) = e^{-\lambda x}$$
であるから，指数分布には無記憶性があることになる．したがって，ある機械の寿命が指数分布に従っているとき，s 時間使用した機械がその時点で故障していないならば，さらに t 時間以上故障しない確率は，その機械が新品であったときに t 時間以上故障しない確率と同じであるということになり，これは，ある時点でこの機械が故障していないということが判明すれば，その時点でこの機械の寿命は新品と同じであるとみなしてよいことを意味している．

定理 9.2 $X_1, X_2, \cdots, X_n$ は独立に指数分布 $Ex(\lambda)$ に従うとする．このとき，$X_1, X_2, \cdots, X_n$ の最小値 $Y = \min(X_1, X_2, \cdots, X_n)$ は指数分布 $Ex(n\lambda)$ に従う．

[証明]
$$\begin{aligned}
P(Y > x) &= P\{\min(X_1, X_2, \cdots, X_n) > x\} \\
&= P(X_1 > x, X_2 > x, \cdots, X_n > x) \\
&= P(X_1 > x)\,P(X_2 > x) \cdots P(X_n > x) \\
&= e^{-\lambda x} e^{-\lambda x} \cdots e^{-\lambda x} = e^{-n\lambda x}
\end{aligned}$$
が成立する．したがって，Y の分布関数を $F(x)$ とすると
$$\begin{aligned}
F(x) &= P(Y \leq x) \\
&= 1 - P(Y > x) = 1 - e^{-n\lambda x}
\end{aligned}$$
であるから $\min(X_1, X_2, \cdots, X_n)$ は指数分布 $Ex(n\lambda)$ に従う． □

定理 9.2 から，製品 i ($1 \leq i \leq n$) の寿命が，他の製品の寿命とは独立に指数分布 $Ex(\lambda)$ に従うとき，製品 $1, 2, \cdots, n$ のうちのどれかが故障するまでの時間は指数分布 $Ex(n\lambda)$ に従うことになる．

第9章 いろいろな検定

> **定理 9.3** $X_1, X_2, \cdots, X_n$ が独立に期待値 θ の指数分布 $Ex(1/\theta)$ に従うならば，$\dfrac{2}{\theta}(X_1 + X_2 + \cdots + X_n)$ は自由度が $2n$ のカイ 2 乗分布 χ^2_{2n} に従う．

[証明] $X_1, X_2, \cdots, X_n$ は独立に平均が θ の指数分布 $Ex(1/\theta)$ に従うので，

$$\frac{2}{\theta}X_1, \quad \frac{2}{\theta}X_2, \quad \cdots, \quad \frac{2}{\theta}X_n$$

は独立に平均が 2 の指数分布 $Ex(1/2)$ に従う（問 9.8 参照）．平均が 2 の指数分布の密度関数 $f(x)$ は

$$f(x) = \frac{1}{2} e^{-\frac{x}{2}}$$

であり，これは自由度が 2 のカイ 2 乗分布 χ^2_2 の密度関数に等しい．つまり，$\dfrac{2}{\theta}X_1, \dfrac{2}{\theta}X_2, \cdots, \dfrac{2}{\theta}X_n$ は独立に自由度が 2 のカイ 2 乗分布に従う．独立なカイ 2 乗分布の和はそれぞれの自由度の和のカイ 2 乗分布になるので，

$$\frac{2}{\theta}(X_1 + X_2 + \cdots + X_n)$$

は自由度が $2n$ のカイ 2 乗分布に従う． □

[B] 指数データの等平均の検定

$$F = \frac{\bar{X}}{\bar{Y}}, \quad W = \{\, f \mid f < F^{2m}_{2n}(1 - \alpha/2),\ f > F^{2m}_{2n}(\alpha/2) \,\}$$

$X_1, X_2, \cdots, X_m$ を平均 θ_1 の値が未知である指数分布に従う大きさ m の無作為標本，$Y_1, Y_2, \cdots, Y_n$ を平均 θ_2 の値が未知である指数分布に従う大きさ n の無作為標本とし，2 つの平均 θ_1, θ_2 を等しいとみなしてよいかどうかの検定，すなわち

$$\begin{aligned} &\text{帰無仮説 } H_0: \quad \theta_1 = \theta_2 \\ &\text{対立仮説 } H_1: \quad \theta_1 \neq \theta_2 \end{aligned}$$

の検定について考えよう．定理 9.3 によって

$$\frac{2}{\theta_1}\sum_{i=1}^{m} X_i \quad \text{および} \quad \frac{2}{\theta_2}\sum_{j=1}^{n} Y_j$$

は独立にそれぞれ自由度が $2m$ および $2n$ のカイ 2 乗分布 χ_{2m}^2, χ_{2n}^2 に従う．ゆえに，エフ分布の定義により，

$$F = \frac{\dfrac{2}{\theta_1}\sum_{i=1}^{m} X_i \Big/ 2m}{\dfrac{2}{\theta_2}\sum_{i=1}^{n} Y_i \Big/ 2n} = \frac{\overline{X}/\theta_1}{\overline{Y}/\theta_2}$$

は自由度が $(2m, 2n)$ のエフ分布 F_{2n}^{2m} に従う．ただし，$\overline{X}$ および $\overline{Y}$ は $X_1, X_2, \cdots, X_m$ および $Y_1, Y_2, \cdots, Y_n$ の標本平均である．つまり，帰無仮説 $\mathrm{H}_0 : \theta_1 = \theta_2$ の下では

$$F = \frac{\overline{X}}{\overline{Y}}$$

は自由度が $(2m, 2n)$ のエフ分布 F_{2n}^{2m} に従うことになり，有意水準が α のとき，この検定の棄却域 W は F の値 f について

$$W = \{\, f \mid f < F_{2n}^{2m}(1 - \alpha/2), \ f > F_{2n}^{2m}(\alpha/2) \,\}$$

である．ただし，$F_{2n}^{2m}(\alpha)$ は自由度が $(2m, 2n)$ のエフ分布 F_{2n}^{2m} の上側 α 点である．この棄却域は例 6.1 によって

$$W = \{\, f \mid f < 1/F_{2m}^{2n}(\alpha/2), \ f > F_{2n}^{2m}(\alpha/2) \,\}$$

と表される．

例 9.7

A 工場で製造された製品から 10 個を無作為に抽出し，その寿命の和を調べたところ 480 時間であった．また，B 工場で製造された製品から 15 個を無作為に抽出し，その寿命を調べたところ 442.5 時間であった．製品の寿命は指数分布に従うとして，2 つの工場で作られた製品の寿命の期待値は等しいと考えてよいかどうかを有意水準 10 ％ で検定せよ．

【解】 A, B 工場の製品の寿命の平均をそれぞれ θ_1, θ_2 とする．

$$\begin{cases} \text{帰無仮説 } H_0: & \theta_1 = \theta_2 \\ \text{対立仮説 } H_1: & \theta_1 \neq \theta_2 \end{cases}$$

を検定すればよい．

棄却域 W は F の値 f について

$$W = \left\{ f \,\middle|\, f < \frac{1}{F_{20}^{30}(0.05)},\ f > F_{30}^{20}(0.05) \right\}$$

$$= \{ f \mid f < 0.49,\ f > 1.93 \}$$

である．$\bar{X}$ および $\bar{Y}$ の値は 48.0 および 29.5 であるから，F の実現値 f は $f = 1.627$ となって，この値は棄却域 W には入らない．したがって，帰無仮説は採択される．すなわち，両工場で作られた製品の平均寿命に差があるとはいえない．

◇

[C] ポアソン分布の平均に関する検定

平均 λ の値が未知であるポアソン分布に従う大きさ n の無作為標本を $X_1, X_2, \cdots, X_n$ とする．これらの標本をもとに，平均 λ を λ_0 とみなしてよいか，それとも λ は λ_0 とは異なるものとみなすべきか，つまり，仮説

帰無仮説 $H_0: \lambda = \lambda_0$
対立仮説 $H_1: \lambda \neq \lambda_0$

の検定について考えよう．帰無仮説の下では $X = X_1 + X_2 + \cdots + X_n$ は平均が $n\lambda_0$ のポアソン分布に従う．したがって，有意水準が α であれば

$$P(X \geq x) < \frac{\alpha}{2}$$

あるいは $$P(X \leq x) < \frac{\alpha}{2}$$

のとき帰無仮説 H_0 を棄却することになる．ただし，X は平均が $n\lambda_0$ のポアソン分布に従う確率変数であり，x は $X = X_1 + X_2 + \cdots + X_n$ の実現値である．

例 9.8

ある都市の 1 日当たりの交通事故による死亡者数は平均 0.8 人のポアソン分布に従うといわれている．今年になって 5 日間を選び交通事故による死亡者数を調べたところ 1, 0, 3, 2, 0 であった．交通事故による 1 日当たりの死亡者数は今年になって増加したといえるか．有意水準 5％ で検定せよ．

【解】 今年のこの都市における 1 日当たりの交通事故による死亡者数の平均を λ とする．

$$\begin{cases} 帰無仮説\ H_0 : \lambda = 0.8 \\ 対立仮説\ H_1 : \lambda > 0.8 \end{cases}$$

を検定すればよい．X_i ($i = 1, 2, 3, 4, 5$) をポアソン分布 $Po(0.8)$ に従う独立な確率変数とすると，その和 X はポアソン分布 $Po(4.0)$ に従う．この検定においては，X の値 x に対して，$P(X \geq x) < \alpha = 0.05$ であれば，帰無仮説を棄却することになる．$x = 1 + 0 + 3 + 2 + 0 = 6$ であり，$p_i = P(X = i)$ の値は

$p_0 = 0.0183,\quad p_1 = 0.0733,\quad p_2 = 0.1465,\quad p_3 = 0.1954,$
$p_4 = 0.1954,\quad p_5 = 0.1563,\quad p_6 = 0.1042$

であるから，$P(X \leq 6) = 0.889$ となる．したがって，$P(X \geq 7) = 0.111 > 0.05$ となり，$x = 6$ は棄却域には入らない．すなわち，このデータからは 1 日当たりの交通事故による死亡者数が増加したとはいえない． ◇

問 9.8 X が期待値 θ の指数分布 $Ex(1/\theta)$ に従うとき，aX は期待値 $a\theta$ の指数分布 $Ex(1/a\theta)$ に従うことを示せ．ただし，a は正の定数である．

問 9.9 次のデータは 2 種類の絶縁体 I, II にある電圧をかけ，これらの絶縁体の寿命を調べた結果である（単位：分）．

```
I :  212.0  89.5  122.3  116.7  125.4  132.0  66.7
II :  34.6  54.0  162.3   78.4  148.3  128.8
```

寿命は指数分布に従うものとして，この電圧の下での I, II の寿命の平均は等しいとみなしてよいかどうかを検定せよ．ただし，有意水準は 10％ とする．

9.5 相関係数の検定

[A] 無相関の検定

$$T = \frac{R\sqrt{n-2}}{\sqrt{1-R^2}}, \quad W = \{\, t \mid |t| > t_{n-2}(\alpha/2) \,\}$$

標本から得られた相関係数 r はあくまでも得られた標本についての相関係数である．この r をもとに母集団の 2 つの特性間の相関係数 ρ を 0 とみなしてよいか，それとも ρ は 0 ではないとみなすべきかの検定，すなわち

$$\begin{cases} 帰無仮説\ \mathrm{H}_0: \ \rho = 0 \\ 対立仮説\ \mathrm{H}_1: \ \rho \neq 0 \end{cases}$$

を検定するのが**無相関の検定**である．証明は省略するが 2 次元正規母集団からの n 個の標本 $(X_1, Y_1), (X_2, Y_2), \cdots, (X_n, Y_n)$ による標本相関係数を R とすると，帰無仮説 $\mathrm{H}_0: \rho = 0$ の下で

$$T = \frac{R\sqrt{n-2}}{\sqrt{1-R^2}}$$

は自由度が $n-2$ のティー分布 t_{n-2} に従うことが知られている．したがって，有意水準 α のこの検定の棄却域 W はこの T の値 t について

$$W = \{\, t \mid |t| > t_{n-2}(\alpha/2) \,\}$$

である．

例 9.9

ある大学の入学試験受験者のうち，無作為に選んだ 27 人の入学試験における英語と数学の得点間の相関係数 r を調べたところ，その値は 0.37 であった．英語と数学の得点は無相関といえるか．有意水準を 0.05 として検定せよ．ただし，英語および数学の得点は正規分布に従うものとする．

【解】 英語と数学の得点間の相関係数を ρ とし，仮説

$$\begin{cases} 帰無仮説\ \mathrm{H}_0: \ \rho = 0 \\ 対立仮説\ \mathrm{H}_1: \ \rho \neq 0 \end{cases}$$

を検定する．棄却域 W は T の値 t に対して

9.5 相関係数の検定

$$W = \{\, t \mid |t| > t_{25}(0.025)\,\} = \{\, t \mid |t| > 2.060\,\}$$

である．

$$t = \frac{0.37 \times \sqrt{27-2}}{\sqrt{1-(0.37)^2}} = 1.991 \notin W$$

であるから，このデータからは英語と数学の得点が無相関であることは否定できない． ◇

[B]　相関係数の検定

(X, Y) は相関係数の値 ρ が未知である 2 次元正規分布に従うものとする．ここでは，X と Y との相関係数 ρ を ρ_0 とみなしてよいか (ρ_0 は既知で $\rho_0 \neq 0$ とする)，それとも ρ は ρ_0 とは異なるとみなすべきか，という 2 つの仮説

> 帰無仮説 H_0 :　$\rho = \rho_0$
> 対立仮説 H_1 :　$\rho \neq \rho_0$

の検定を考える．この母集団から n 個の標本をとり，これから求めた標本相関係数を R とする．このとき，n が大きいならば (目安としては $n > 10$)，

$$Q = \frac{1}{2} \log \frac{1+R}{1-R}$$

は正規分布 $N\left(\xi, \dfrac{1}{n-3}\right)$ で近似できることが知られている．ただし，

$$\xi = \frac{1}{2} \log \frac{1+\rho}{1-\rho}$$

であり，これらの式の対数は自然対数である．したがって，

$$Z = (Q - \xi)\sqrt{n-3}$$

は標準正規分布 $N(0,1)$ で近似できることになり，有意水準が α であるとき，この検定の棄却域は

$$W = \{\, z \mid |z| > z(\alpha/2)\,\}$$

となる．ただし，$z(\alpha/2)$ は標準正規分布の上側 $\alpha/2$ 点である．

[C] 等相関係数の検定

$$Z = \frac{Q_1 - Q_2}{\sqrt{\dfrac{1}{m-3} + \dfrac{1}{n-3}}}, \quad W = \{\, z \mid |z| > z(\alpha/2) \,\}$$

ここでは，2つの母集団の2つの特性に関する相関係数が等しいかどうかの検定を考えよう．つまり，第1の母集団の2つの特性は相関係数が ρ_1 である2次元正規分布に従い，第2の母集団の2つの特性は相関係数が ρ_2 である2次元正規分布に従っているとする．このとき，これら2つの母集団の相関係数 ρ_1 と ρ_2 とは等しいとみなすべきか，あるいは ρ_1 と ρ_2 とは異なるとみなすべきかの検定すなわち，仮説

帰無仮説 H_0： $\rho_1 = \rho_2$
対立仮説 H_1： $\rho_1 \neq \rho_2$

の検定を考える．この場合も [B] で述べた事を用いて検定することができる．つまり，第1の母集団からの m 個の標本から得られた標本相関係数を R_1，第2の母集団からの n 個の標本から得られた標本相関係数を R_2 とし，

$$Q_1 = \frac{1}{2} \log \frac{1+R_1}{1-R_1}, \qquad Q_2 = \frac{1}{2} \log \frac{1+R_2}{1-R_2}$$

とおくと，$Q_1 - Q_2$ は次の正規分布で近似できる：

$$N\!\left(\xi_1 - \xi_2,\ \frac{1}{m-3} + \frac{1}{n-3}\right)$$

ただし，$\displaystyle \xi_1 = \frac{1}{2} \log \frac{1+\rho_1}{1-\rho_1}, \quad \xi_2 = \frac{1}{2} \log \frac{1+\rho_2}{1-\rho_2}.$

したがって，帰無仮説 H_0： $\rho_1 = \rho_2$ の下では

$$Z = \frac{Q_1 - Q_2}{\sqrt{\dfrac{1}{m-3} + \dfrac{1}{n-3}}}$$

は標準正規分布近似できることになり，有意水準が α であるとき，この検定の棄却域は次のようになる：

$$W = \{\, z \mid |z| > z(\alpha/2) \,\}.$$

例 9.10

100 名の男子大学生および 70 名の女子大学生について身長と体重の相関係数を求めたところ，男子学生は 0.527，女子学生は 0.724 であった．

(1) 男子学生の身長と体重との相関係数を 0.6 とみなしてよいか．有意水準を 0.05 として検定せよ．

(2) 身長と体重の相関係数は男子学生と女子学生との間に差があるといえるか．有意水準を 0.05 として検定せよ．

【解】(1) 男子学生の身長と体重との相関係数を ρ_1 とし，仮説

$$\begin{cases} 帰無仮説\ H_0:\ \rho_1 = 0.6 \\ 対立仮説\ H_1:\ \rho_1 \neq 0.6 \end{cases}$$

を検定する．

$$q = \frac{1}{2}\log\frac{1+0.527}{1-0.527} = 0.5860, \qquad \xi = \frac{1}{2}\log\frac{1+0.6}{1-0.6} = 0.6931$$

であるので，Z の値 z は

$$z = (q-\xi)\sqrt{n-3} = (0.5860 - 0.6931)\sqrt{97} = -1.055$$

となり，$|z| < z(0.025) = 1.96$ であるから帰無仮説を否定できない．すなわち，このデータからは相関係数は 0.6 ではないとはいえない．

(2) (1)と同様に男子学生の身長と体重との相関係数を ρ_1 とし，女子学生の身長と体重との相関係数を ρ_2 とする．仮説

$$\begin{cases} 帰無仮説\ H_0:\ \rho_1 = \rho_2 \\ 対立仮説\ H_1:\ \rho_1 \neq \rho_2 \end{cases}$$

を検定すればよい．

$$q_1 = \frac{1}{2}\log\frac{1+0.527}{1-0.527} = 0.5860, \qquad q_2 = \frac{1}{2}\log\frac{1+0.724}{1-0.724} = 0.9160$$

であり，

$$z = \frac{q_1 - q_2}{\sqrt{\dfrac{1}{m-3} + \dfrac{1}{n-3}}} = \frac{-0.3300}{\sqrt{\dfrac{1}{97} + \dfrac{1}{67}}} = -2.077 < -1.96$$

を得る．したがって，帰無仮説は棄却される．すなわち，身長と体重との相関係数には男子学生と女子学生との間に差がある． ◇

問 9.10 20歳の男性25人の身長とその父親の身長との相関係数を求めたところその値は 0.67 であった．また，20歳の女性15人の身長とその母親の身長との相関係数を求めたところその値は 0.54 であった．

（1） 男性の身長とその父親の身長との相関係数 ρ について帰無仮説を $\rho = 0.5$，対立仮説を $\rho > 0.5$ として有意水準5％で検定せよ．

（2） 男性の身長とその父親の身長との相関係数と，女性の身長とその母親の身長との相関係数は等しいかどうかを有意水準10％で検定せよ．

演習問題 9

9.1 ある工場で生産されている製品には従来2％の不良品があった．この工場に新製法が導入され，新製法による製品の中から500個を調べたところ6個の不良品が見つかった．新製法によって不良率は減少したと考えてよいか．有意水準 0.05 で検定せよ．

9.2 次の表は円周率 π について小数点以下の 10,000 桁に現れる0から9までの度数である．一様に分布していると考えてよいか．有意水準5％で検定せよ．また，有意水準10％ではどうか．

数字	0	1	2	3	4	5	6	7	8	9
度数	968	1026	1021	974	1012	1046	1021	970	948	1014

9.3 次の表は自然対数の底 e について小数点以下の 10,000 桁に現れる0から9までの度数である．一様に分布していると考えてよいか．

数字	0	1	2	3	4	5	6	7	8	9
度数	974	989	1004	1008	982	992	1079	1008	996	968

9.4 あるコインを表が出るまで投げ続けるという実験を 100 回行った．結果は次の表のようになった．このコインを投げるとき，表が出る確率は 1/2 とみなしてよいか．

投げた回数	1	2	3	4	5以上
度数	37	34	17	6	6

9.5 あるプロ野球選手は4打数の試合が1年間に75試合あった．次のデータは，これら75試合における4打数中のヒット数である．この選手が1試合に打つヒット数を X とするとき，X は二項分布に従うと判断してよいか．

ヒット数	0	1	2	3	4
試合数	13	40	17	4	1

9.6 次のデータは1910年から1912年の3年間に英国の新聞 The Times に掲載された1日当たりの80歳以上の婦人の死亡記事数とその度数である．このデータはポアソン分布にあてはまるか．有意水準5％で検定せよ．

死亡記事数	0	1	2	3	4	5	6	7	8	9
度数	162	267	271	185	111	61	27	8	3	1

9.7 次のデータはイラク国民2223人について，民族別に血液型を調査した結果である．民族と血液型とは独立と考えてよいか．有意水準5％で検定せよ．

	O	A	B	AB	計
クルド	531	450	293	226	1500
アラブ	174	150	133	36	493
ユダヤ	42	26	26	8	102
トルコ	47	49	22	10	128
計	794	675	474	280	2223

9.8 肺ガンと喫煙習慣との関係を調査したところ右のような結果が得られた．肺ガンと喫煙習慣とは独立であるか．

	喫煙習慣あり	喫煙習慣なし	計
肺ガン	37	13	50
正常	44	56	100
計	81	69	150

9.9 次のデータはある電子部品の寿命(単位：年)である．

$$\begin{array}{ccccc} 3.58 & 0.47 & 2.05 & 3.01 & 0.59 \\ 0.08 & 3.37 & 4.64 & 9.78 & 5.76 \end{array}$$

この電子部品の寿命の期待値 θ を 2.0 とみなしてよいか．次の場合に検定せよ．

(1) 対立仮説が $\theta \neq 2.0$ のとき

(2) 対立仮説が $\theta > 2.0$ のとき

問題解答*

第1章

演習問題 1

1.1 （1） $\{10, 11, \cdots, 99\}$　　（2） $31/100$

1.2 （1） $3/5$　　（2） $1/5$　　**1.3** $10/17$

1.4 （1） $\dfrac{p_{11}}{p_{11}+p_{12}}$　　（2） $\dfrac{p_{11}}{p_{11}+p_{21}}$　　（3） $\dfrac{p_{22}}{p_{21}+p_{22}}$

1.5 （1） $32/275$　　（2） $227/275$　　**1.6** 0.4

1.7 （1） $290/577 \fallingdotseq 0.5026$　　（2） 0.5027

第2章

問 2.2 （1） 最小値 5.3, 最大値 13.3, 範囲 8.0, 中央値 10.0

問 2.3 粗データから　平均 9.81, 分散 4.0243, 標準偏差 2.0061
　度数データから　平均 9.85, 分散 3.9709, 標準偏差 1.9927

問 2.4 分散 43.22, 標準偏差 6.57

問 2.5 $\bar{x}=10.41$, $\bar{y}=2.66$, $s_x{}^2=9.231$, $s_y{}^2=2.720$, $s_{xy}=1.642$, $r=0.328$

演習問題 2

2.3 （2） $a=\bar{x}$ のとき，最小値 s^2

2.4 （2） $a=\bar{y}-\dfrac{s_{xy}}{s_x{}^2}\bar{x}$, $b=\dfrac{s_{xy}}{s_x{}^2}$ のとき，最小値 $s_y{}^2(1-r^2)$

＊） 問および演習問題の解答で掲載されていないものは省略されているものです．

第3章

問 3.2 $E(X) = 7/2$, $V(X) = 35/12$, $\sigma = \sqrt{105}/6$

問 3.3 10円硬貨のとき，平均 5，分散 25， 500円硬貨のとき，平均 250，分散 62500

問 3.4 X は幾何分布 $Geo\,(1/6)$ に従う．$E(X) = 6$, $V(X) = 30$, $\sigma = \sqrt{30}$

問 3.5 $E(X) = \dfrac{n+1}{2}$, $V(X) = \dfrac{(n-1)(n+1)}{12}$

問 3.7 $E(X) = 5.5$, $V(X) = 25/12$ **問 3.8** $1 - e^{-5/3} \fallingdotseq 0.811$

問 3.9 $M(t) = pe^t\{1-(1-p)e^t\}^{-1}$, $E(X) = \dfrac{1}{p}$, $V(X) = \dfrac{1-p}{p^2}$

問 3.10 $M(t) = \lambda(\lambda - t)^{-1}$, $E(X^n) = n!/\lambda^n$

演習問題 3

3.1 （1） $\sigma^2 + \mu^2$ （2） $m_3 + 3\mu\sigma^2 + \mu^3$

3.2 （1） 0.1941 （2） 0.0576

3.3 （1） 分布関数 $F(y) = P(Y \le y) = 1 - e^{-y}$ （$y > 0$），密度関数 e^{-y} （$y > 0$）

（2） 密度関数 y^{-1} （$1 < y < e$），$E(Y) = e - 1$

3.4 （1） $\sigma^2 + \mu^2 - \mu$ （2） $\sigma^2 + \mu^2 + 5\mu$

3.5 $c = 60$, $E(X) = 3/7$, $V(X) = 3/98$

3.6 $c = 1$, $E(X) = 3$, $V(X) = 1/2$

3.7 （1） 3/4 （2） 3/8 （3） 1/2

3.8 （1） 0.8413 （2） $\mu = 0$, $\sigma = 2$

3.9 平均 $\dfrac{1}{2}(\mu_1 + \mu_2)$, 分散 $\dfrac{1}{2}(\sigma_1^2 + \sigma_2^2) + \dfrac{1}{4}(\mu_1 - \mu_2)^2$

3.10 $E(X) = \dfrac{ab}{a-1}$ （$a > 1$），$E(X)$ は存在しない （$a \le 1$），

$V(X) = \dfrac{ab^2}{(a-1)^2(a-2)}$ （$a > 2$），$V(X)$ は存在しない （$a \le 2$）

3.11 （1） $e^{\lambda(e^t - 1)}$ （2） $\dfrac{1}{(1-\beta t)^\alpha}$ （$1 - \beta t > 0$）

第 4 章

問 4.1 $E(X+Y) = 2\mu$, $V(X+Y) = 2\sigma^2$, $E(X-Y) = 0$, $V(X-Y) = 2\sigma^2$, $Cov(X+Y, X-Y) = 0$, $X+Y$ と $X-Y$ は独立である.

演習問題 4

4.1 平均 100, 分散 500

4.2 ポアソン分布 $Po(2.5)$ に従う

4.3 平均 114, 標準偏差 10 の正規分布に従う（国語の点と数学の点は独立とする）

4.4 X は一様分布 $U(0,1)$ に従う.

（1） $\dfrac{1}{1-x}$ （$x < y < 1$）, 一様分布 $U(x, 1)$

（2） $\dfrac{1}{1-x}$ （$0 < x < y < 1$）

（3） $E(X) = 1/2$, $E(Y) = 3/4$, $V(X) = 1/12$, $V(Y) = 7/144$, $\rho = \sqrt{21}/7$

4.5 $X+Y$ は二項分布 $Bin(m+n, p)$ に従う（X と Y は独立とする）.

4.6 （1） $c = 1/2$ （2） $f_1(x) = \dfrac{1}{2}(1 + 3x^2)$, $f_2(y) = \dfrac{1}{2}(1 + 2y)$

（3） $E(X) = 5/8$, $E(Y) = 7/12$, $V(X) = 73/960$, $V(Y) = 11/144$, $\rho = \sqrt{12045}/803 \fallingdotseq 0.1367$

4.7 $\dfrac{3024}{78125} \fallingdotseq 0.0387$

4.8 （1） 5/9   （2） 5/12   （3） 2/3   （4） 7/8

4.9 $Bin\left(n, \dfrac{\lambda}{\lambda + \mu}\right)$ に従う. $E(X \mid X+Y=n) = \dfrac{n\lambda}{\lambda + \mu}$, $V(X \mid X+Y=n) = \dfrac{n\lambda\mu}{(\lambda + \mu)^2}$

4.10 （1） $(1-p)^{x-1}$

（2） $(1-p)^{z-1}(1-q)^{z-1}$, Z は $Geo(p + q - pq)$ に従う.

（3） $E(Z) = \dfrac{1}{p+q-pq}$, $V(Z) = \dfrac{(1-p)(1-q)}{(p+q-pq)^2}$

4.11 $E(S) = a$, $E(T) = c$, $V(S) = b^2 + e^2$, $V(T) = d^2 + e^2$,
$Cov(S, T) = bd$, $\rho = \dfrac{bd}{\sqrt{(b^2 + e^2)(d^2 + e^2)}}$

4.12 （1） $E\{X(t)\} = E\{X(t+s)\} = 0$, $V\{X(t)\} = V\{X(t+s)\} = \sigma^2$, $Cov\{X(t), X(t+s)\} = \sigma^2 \cos \lambda s$

（2） $\rho = \cos \lambda s$

4.13 $Po(n\lambda)$ に従う **4.14** $Ga(n, 1/\lambda)$ に従う

第5章

問 5.1 復元抽出の場合 $\dfrac{21952}{759375} \fallingdotseq 0.0289$, 非復元抽出の場合 $\dfrac{8}{261} \fallingdotseq 0.0307$

問 5.2 $\left(\dfrac{5}{6}\right)^{10} = 0.1615$

演習問題 5

5.1 $P(|X - 4.5| \geq 3) = \dfrac{2}{5}$, $\dfrac{\sigma^2}{\varepsilon^2} = \dfrac{11}{12}$

5.2 $E\{F_n(x)\} = F(x)$, $V\{F_n(x)\} = \dfrac{F(x)\{1 - F(x)\}}{n}$

5.4 X を最大値とする. $P(X=1) = \dfrac{1}{7776}$, $P(X=2) = \dfrac{31}{7776}$,

$P(X=3) = \dfrac{211}{7776}$, $P(X=4) = \dfrac{781}{7776}$, $P(X=5) = \dfrac{2101}{7776}$,

$P(X=6) = \dfrac{4651}{7776}$

5.5 $\dfrac{1}{2^n}$ **5.6** 0.9987

5.7 平均 $\dfrac{1}{n\lambda}$, 分散 $\dfrac{1}{n^2 \lambda^2}$

5.8 0.7888（二項分布は整数値だけをとる．このことを考慮すると $P(69.5 \leq X \leq 90.5)$ がよりよい近似となる．この場合は 0.8106 である．

第6章

問 6.1 $\chi^2_{10}(0.1) = 15.987$, $\chi^2_{7}(0.01) = 18.475$, $\chi^2_{12}(0.05) = 21.026$

問 6.2 $t_{15}(0.01) = 2.602$, $t_7(0.05) = 1.895$, $t_{11}(0.1) = 1.363$

演習問題 6

6.1 正規分布 $N(1.6, 0.0082)$ に従う　　**6.2** $0.1142 \leq 0.4$

6.3 (1) 1.282　(2) -1.282　(3) 1.645　(4) -1.645

6.4 (1) 12.017　(2) 5.578　(3) 18.307　(4) 3.940

6.5 (1) 1.415　(2) -1.363　(3) 1.812　(4) -1.812

6.6 (1) 3.97　(2) 2.75　(3) 0.28　(4) 0.36

6.7 $\dfrac{1}{n-2}\left(\displaystyle\int_0^\infty x^{-1} f(x)\, dx\right.$ を求めればよい．ただし，$f(x)$ は χ^2_n の密度関数である $\Big)$

第7章

問 7.1 (1) $c_1 + c_2 = 1$

(2) $\dfrac{m-1}{m+n-2} U_1^2 + \dfrac{n-1}{m+n-2} U_2^2$ （U_1^2, U_2^2 の分散はそれぞれ $\dfrac{2\sigma^4}{m-1}$, $\dfrac{2\sigma^4}{n-1}$ である）

問 7.2 (1) $\dfrac{\bar{X}}{m}$　(2) $\dfrac{1}{\bar{X}}$　(3) $-\dfrac{n}{\sum_{i=1}^{n} \log X_i}$

問 7.3 (1) 90% のとき $[14.05, 17.95]$, 95% のとき $[13.68, 18.32]$

(2) 90% のとき $[14.62, 17.38]$, 95% のとき $[14.36, 17.64]$

問 7.4 σ のとき 16 以上，2σ のとき 4 以上

問 7.5 $[86.5, 87.7]$　　**問 7.6** $[990.3, 1006.7]$

問 7.7 $[3.33, 38.90]$

問 7.8 $\dfrac{1}{\sigma^2} \displaystyle\sum_{i=1}^{n}(X_i - \mu)^2$ は χ^2_n に従うことを用いる．

問 7.9 $[0.488, 0.528]$

演習問題 7

7.1 （1） $\dfrac{n}{\theta^n}x^{n-1}\ (0<x<\theta)$　　（2） $c_1=2,\ c_2=\dfrac{n+1}{n}$

（3） T_2 は T_1 より有効である

7.2 $\hat{a}=\dfrac{\overline{X}^2}{S^2},\ \hat{\beta}=\dfrac{S^2}{\overline{X}}$　　　**7.3** $\hat{a}=\overline{X}-\sqrt{3}S,\ \hat{b}=\overline{X}+\sqrt{3}S$

7.4 （1） $\overline{X}$　　（2） $\dfrac{\overline{X}}{k}$　　（3） $\dfrac{1}{2}\{-\overline{X}+\sqrt{4S^2+5\overline{X}^2}\}$

7.5 $[77.7, 84.7]$

7.6 信頼度が 0.95 のとき 139 以上，信頼度が 0.99 のとき 239 以上

7.7 （1） $[323.0, 330.8]$　　（2） $[324.1, 329.7]$

7.8 （1） $[54.7, 65.7]$　　（2） $[54.2, 66.2]$

（3） $[126.3, 391.3]$（問 7.8 を用いる）　　（4） $[127.6, 405.1]$

7.9 2000 人のとき $[0.303, 0.337]$，4000 人のとき $[0.308, 0.332]$

第 8 章

問 8.1 $n=18$ のとき，$W=\{\bar{x}\mid \bar{x}>1.163\}$，$\beta=P(Z\leq 1.645-\sqrt{2}\mu_1)$，$\beta=0.119$

$n=27$ のとき，$W=\{\bar{x}\mid \bar{x}>0.950\}$，$\beta=P(Z\leq 1.645-\sqrt{3}\mu_1)$，$\beta=0.034$

$n=36$ のとき，$W=\{\bar{x}\mid \bar{x}>0.823\}$，$\beta=P(Z\leq 1.645-2\mu_1)$，$\beta=0.009$

問 8.2 $n=12$ のとき，全国平均より高いとはいえない．$n=24$ のとき，全国平均より高い（身長は正規分布に従うとする）．

問 8.3 （1） 帰無仮説を棄却　　（2） 帰無仮説は棄却されない

問 8.4 $\alpha=0.05$ のとき，$\mu=350$ を棄却．$\alpha=0.01$ のとき，$\mu=350$ は棄却されないので $\mu=350$ と考えてよい．

問 8.5 $\sigma^2=0.025$ は棄却されないので検査の必要はないと考えてよい．

問 8.6 （1） 等しいと考えてよい　　（2） 等しいと考えてよい

問 8.7 $\mu_A=\mu_B$ は棄却される（ニコチン含有量には差がある）

問 8.8 （1） $\sigma_1^2 = \sigma_2^2$ は棄却されないので分散に変化はないと考えてよい．
（2） $\mu_1 = \mu_2$ は棄却される（平均は変化した）
問 8.9 強くなっているとはいえない

演習問題 8

8.1 （1） $W = \{0, 1, 9, 10\}$ （2） $\dfrac{11}{512} \fallingdotseq 0.021$ （3） 0.7559

8.2 （1） 帰無仮説を採択（有意水準 5％，1％），棄却（有意水準 10％）
（2） 帰無仮説を棄却（有意水準 10％，5％），採択（有意水準 1％）
（3） 0.284

8.3 帰無仮説は棄却されない（有意水準 1％，5％，10％）ので母平均は 2.0 とみてよい．

8.4 帰無仮説 $H_0: \mu = 1.0$ を棄却（有意水準 5％，10％），棄却されない（有意水準 1％）

8.5 （1） A のカフェインの量は B より多い （2） 20 mg より多い

8.6 （1） 優秀とはいえない（有意水準 5％），優秀である（有意水準 10％）
（2） ばらつきは大きい（有意水準 5％，10％），大きいとはいえない（有意水準 1％）

8.7 （1） ばらつきが異なるとはいえない
（2） B 学部の方が優秀とはいえない

8.8 （1） 等しいと考えてよい（有意水準 10％）
（2） B グループの方が多い（有意水準 10％，5％，1％）

第 9 章

問 9.1 $H_0: p = 0.5$ は棄却されない（$p = 0.5$ とみなしてよい）
問 9.2 179 人以上　　　問 9.3 枠による差はある
問 9.4 ポアソン分布に従っていると考えてよい
問 9.6 「H_0：心臓病といびきとは独立である」を棄却
問 9.7 有効とはいえない（有意水準 5％），有効である（有意水準 10％）
問 9.9 平均は等しいと考えてよい

問 9.10 （1） 帰無仮説は棄却されない（$\rho = 0.5$ と考えてよい）
（2） 等しいと考えてよい

演習問題 9

9.1 $p = 0.02$ は棄却されない（減少したとはいえない）

9.2 一様性は棄却されないので一様だと考えてよい（有意水準 5 ％, 10 ％）

9.3 一様性は棄却されないので一様だと考えてよい（有意水準 5 ％, 10 ％）

9.4 1/2 とみなしてよい（有意水準 5 ％, 1 ％）, 1/2 ではない（有意水準 10 ％）

9.5 「帰無仮説 H_0：二項分布に従っている」を棄却（有意水準 10 ％）, 帰無仮説は棄却されないので二項分布に従っていると考えてよい（有意水準 5 ％, 1 ％）．

9.6 「H_0：ポアソン分布に従っている」を棄却

9.7 「H_0：独立である」を棄却

9.8 独立ではない（有意水準 10 ％, 1 ％）

9.9 寿命は指数分布に従っているとして検定する．
（1） $\theta = 2.0$ は棄却されないので $\theta = 2.0$ とみなしてよい（有意水準 5 ％, 1 ％）, θ は 2.0 ではない（有意水準 10 ％）
（2） $\theta = 2.0$ は棄却される（有意水準 10 ％, 5 ％）, $\theta = 2.0$ は棄却されないので $\theta = 2.0$ と考えてよい（有意水準 1 ％）

付表 1　標準正規分布表

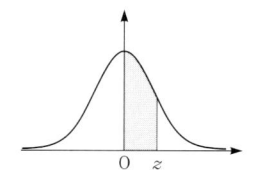

$P(0 \leq Z \leq z)$

z	.00	.01	.02	.03	.04	.05	.06	.07	.08	.09
0.0	.0000	.0040	.0080	.0120	.0160	.0199	.0239	.0279	.0319	.0359
0.1	.0398	.0438	.0478	.0517	.0557	.0596	.0636	.0675	.0714	.0753
0.2	.0793	.0832	.0871	.0910	.0948	.0987	.1029	.1064	.1103	.1141
0.3	.1179	.1217	.1255	.1293	.1331	.1368	.1406	.1443	.1480	.1517
0.4	.1554	.1591	.1628	.1664	.1700	.1736	.1772	.1808	.1844	.1879
0.5	.1915	.1950	.1985	.2019	.2054	.2088	.2123	.2157	.2190	.2224
0.6	.2257	.2291	.2324	.2357	.2389	.2422	.2454	.2486	.2517	.2549
0.7	.2580	.2611	.2642	.2673	.2703	.2734	.2764	.2794	.2823	.2852
0.8	.2881	.2910	.2939	.2967	.2995	.3023	.3051	.3078	.3106	.3133
0.9	.3159	.3186	.3212	.3238	.3264	.3289	.3315	.3340	.3365	.3389
1.0	.3413	.3438	.3461	.3485	.3508	.3531	.3554	.3577	.3599	.3621
1.1	.3643	.3665	.3686	.3708	.3729	.3749	.3770	.3790	.3810	.3830
1.2	.3849	.3869	.3888	.3907	.3925	.3944	.3962	.3980	.3997	.4015
1.3	.4032	.4049	.4066	.4082	.4099	.4115	.4131	.4147	.4162	.4177
1.4	.4192	.4207	.4222	.4236	.4251	.4265	.4279	.4292	.4306	.4319
1.5	.4332	.4345	.4357	.4370	.4382	.4394	.4406	.4418	.4429	.4441
1.6	.4452	.4463	.4474	.4484	.4495	.4505	.4515	.4525	.4535	.4545
1.7	.4554	.4564	.4573	.4582	.4591	.4599	.4608	.4616	.4625	.4633
1.8	.4641	.4649	.4656	.4664	.4671	.4678	.4686	.4693	.4699	.4706
1.9	.4713	.4719	.4726	.4732	.4738	.4744	.4750	.4756	.4761	.4767
2.0	.4772	.4778	.4783	.4788	.4793	.4798	.4803	.4808	.4812	.4817
2.1	.4821	.4826	.4830	.4834	.4838	.4842	.4846	.4850	.4854	.4857
2.2	.4861	.4864	.4868	.4871	.4875	.4878	.4881	.4884	.4887	.4890
2.3	.4893	.4896	.4898	.4901	.4904	.4906	.4909	.4911	.4913	.4916
2.4	.4918	.4920	.4922	.4925	.4927	.4929	.4931	.4932	.4934	.4936
2.5	.4938	.4940	.4941	.4943	.4945	.4946	.4948	.4949	.4951	.4952
2.6	.4953	.4955	.4956	.4957	.4959	.4960	.4961	.4962	.4963	.4964
2.7	.4965	.4966	.4967	.4968	.4969	.4970	.4971	.4972	.4973	.4974
2.8	.4974	.4975	.4976	.4977	.4977	.4978	.4979	.4979	.4980	.4981
2.9	.4981	.4982	.4982	.4983	.4984	.4984	.4985	.4985	.4986	.4986
3.0	.4987	.4987	.4987	.4988	.4988	.4989	.4989	.4989	.4990	.4990

付表 2 カイ 2 乗分布表

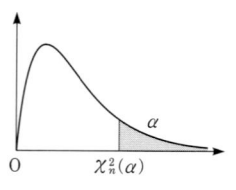

自由度 n のカイ 2 乗分布の上側 α 点

n \ α	.99	.975	.95	.90	.70	.50	.30	.10	.05	.025	.01
1	.000157	.00098	.00393	.0158	.148	.455	1.074	2.706	3.841	5.0238	6.635
2	.0201	.0506	.103	.211	.713	1.386	2.408	4.605	5.991	7.3780	9.210
3	.115	.216	.352	.584	1.424	2.366	3.665	6.251	7.815	9.348	11.345
4	.297	.484	.711	1.064	2.195	3.357	4.878	7.779	9.488	11.143	13.277
5	.554	.831	1.145	1.610	3.000	4.351	6.064	9.236	11.070	12.832	15.086
6	.872	1.237	1.635	2.204	3.828	5.348	7.231	10.645	12.592	14.449	16.812
7	1.239	1.690	2.167	2.833	4.671	6.346	8.383	12.017	14.067	16.013	18.475
8	1.646	2.180	2.733	3.490	5.527	7.344	9.524	13.362	15.507	17.535	20.090
9	2.088	2.700	3.325	4.168	6.393	8.343	10.656	14.684	16.919	19.023	21.666
10	2.558	3.247	3.940	4.865	7.267	9.342	11.781	15.987	18.307	20.483	23.209
11	3.053	3.816	4.575	5.578	8.148	10.341	12.899	17.275	19.675	21.920	24.725
12	3.571	4.404	5.226	6.304	9.034	11.340	14.011	18.549	21.026	23.337	26.217
13	4.107	5.009	5.892	7.042	9.926	12.340	15.119	19.812	22.362	24.736	27.688
14	4.660	5.629	6.571	7.790	10.821	13.339	16.222	21.064	23.685	26.119	29.141
15	5.229	6.262	7.261	8.547	11.721	14.339	17.322	22.307	24.996	27.488	30.578
16	5.812	6.908	7.962	9.312	12.624	15.338	18.418	23.542	26.296	28.845	32.000
17	6.408	7.564	8.672	10.085	13.531	16.338	19.511	24.769	27.587	30.191	33.409
18	7.015	8.231	9.390	10.865	14.440	17.338	20.601	25.989	28.869	31.526	34.805
19	7.633	8.907	10.117	11.651	15.352	18.338	21.689	27.204	30.144	32.852	36.191
20	8.260	9.591	10.851	12.443	16.266	19.337	22.775	28.412	31.410	34.170	37.566
21	8.897	10.283	11.591	13.240	17.182	20.337	23.858	29.615	32.671	35.479	38.932
22	9.542	10.982	12.338	14.041	18.101	21.337	24.939	30.813	33.924	36.781	40.289
23	10.196	11.689	13.091	14.848	19.021	22.337	26.018	32.007	35.172	38.076	41.638
24	10.856	12.401	13.848	15.659	19.943	23.337	27.096	33.196	36.415	39.364	42.980
25	11.524	13.120	14.611	16.473	20.867	24.337	28.172	34.382	37.652	40.646	44.314
26	12.198	13.844	15.379	17.292	21.792	25.336	29.246	35.563	38.885	41.923	45.642
27	12.879	14.573	16.151	18.114	22.719	26.336	30.319	36.741	40.113	43.194	46.963
28	13.565	15.308	16.928	18.939	23.647	27.336	31.391	37.916	41.337	44.461	48.278
29	14.256	16.047	17.708	19.768	24.577	28.336	32.461	39.087	42.557	45.722	49.588
30	14.953	16.791	18.493	20.599	25.508	29.336	33.530	40.256	43.773	46.979	50.892

付表3　ティー分布表

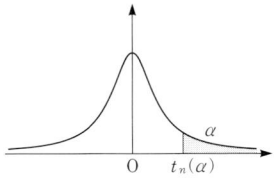

自由度 n のティー分布の上側 α 点

n \ α	.45	.40	.35	.30	.25	.20	.15	.10	.05	.025	.01	.005
1	.158	.325	.510	.727	1.000	1.376	1.963	3.078	6.314	12.706	31.821	63.657
2	.142	.289	.445	.617	.816	1.061	1.386	1.886	2.920	4.303	6.965	9.925
3	.137	.277	.424	.584	.765	.978	1.250	1.638	2.353	3.182	4.541	5.841
4	.134	.271	.414	.569	.741	.941	1.190	1.533	2.132	2.776	3.747	4.604
5	.132	.267	.408	.559	.727	.920	1.156	1.476	2.015	2.571	3.365	4.032
6	.131	.265	.404	.553	.718	.906	1.134	1.440	1.943	2.447	3.143	3.707
7	.130	.263	.402	.549	.711	.896	1.119	1.415	1.895	2.365	2.998	3.499
8	.130	.262	.399	.546	.706	.889	1.108	1.397	1.860	2.306	2.896	3.355
9	.129	.261	.398	.543	.703	.883	1.100	1.383	1.833	2.262	2.821	3.250
10	.129	.260	.397	.542	.700	.879	1.093	1.372	1.812	2.228	2.764	3.169
11	.129	.260	.396	.540	.697	.876	1.088	1.363	1.796	2.201	2.718	3.106
12	.128	.259	.395	.539	.695	.873	1.083	1.356	1.782	2.179	2.681	3.055
13	.128	.259	.394	.538	.694	.870	1.079	1.350	1.771	2.160	2.650	3.012
14	.128	.258	.393	.537	.692	.868	1.076	1.345	1.761	2.145	2.624	2.977
15	.128	.258	.393	.536	.691	.866	1.074	1.341	1.753	2.131	2.602	2.947
16	.128	.258	.392	.535	.690	.865	1.071	1.337	1.746	2.120	2.583	2.921
17	.128	.257	.392	.534	.689	.863	1.069	1.333	1.740	2.110	2.567	2.898
18	.127	.257	.392	.534	.688	.862	1.067	1.330	1.734	2.101	2.552	2.878
19	.127	.257	.391	.533	.688	.861	1.066	1.328	1.729	2.093	2.539	2.861
20	.127	.257	.391	.533	.687	.860	1.064	1.325	1.725	2.086	2.528	2.845
21	.127	.257	.391	.532	.686	.859	1.063	1.323	1.721	2.080	2.518	2.831
22	.127	.256	.390	.532	.686	.858	1.061	1.321	1.717	2.074	2.508	2.819
23	.127	.256	.390	.532	.685	.858	1.060	1.319	1.714	2.069	2.500	2.807
24	.127	.256	.390	.531	.685	.857	1.059	1.318	1.711	2.064	2.492	2.797
25	.127	.256	.390	.531	.684	.856	1.058	1.316	1.708	2.060	2.485	2.787
26	.127	.256	.390	.531	.684	.856	1.058	1.315	1.706	2.056	2.479	2.779
27	.127	.256	.389	.531	.684	.855	1.057	1.314	1.703	2.052	2.473	2.771
28	.127	.256	.389	.530	.683	.855	1.056	1.313	1.701	2.048	2.467	2.763
29	.127	.256	.389	.530	.683	.854	1.055	1.311	1.699	2.045	2.462	2.756
30	.127	.256	.389	.530	.683	.854	1.055	1.310	1.697	2.042	2.457	2.750
40	.126	.255	.388	.529	.681	.851	1.050	1.303	1.684	2.021	2.423	2.704
60	.126	.254	.387	.527	.679	.848	1.046	1.296	1.671	2.000	2.390	2.660
120	.126	.254	.386	.526	.677	.845	1.041	1.289	1.658	1.980	2.358	2.617
∞	.126	.253	.385	.524	.674	.842	1.036	1.282	1.645	1.960	2.326	2.576

付表 4 エフ分布表 (1)

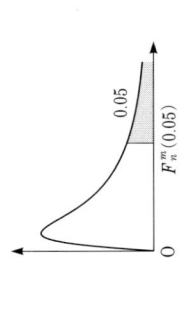

自由度 (m, n) のエフ分布の上側5％点

m / n	1	2	3	4	5	6	7	8	9	10	11	12	14	16	20	24	30	40	50	∞
1	161	200	216	225	230	234	237	239	241	242	243	244	245	246	248	249	250	251	252	254
2	18.51	19.00	19.16	19.25	19.30	19.33	19.35	19.37	19.39	19.40	19.40	19.41	19.42	19.43	19.45	19.45	19.46	19.47	19.47	19.50
3	10.13	9.55	9.28	9.12	9.01	8.94	8.89	8.85	8.81	8.79	8.76	8.74	8.71	8.69	8.66	8.64	8.62	8.59	8.58	8.53
4	7.71	6.94	6.59	6.39	6.26	6.16	6.09	6.04	6.00	5.96	5.93	5.91	5.87	5.84	5.80	5.77	5.75	5.72	5.70	5.63
5	6.61	5.79	5.41	5.19	5.05	4.95	4.88	4.82	4.77	4.74	4.70	4.68	4.64	4.60	4.56	4.53	4.50	4.46	4.44	4.37
6	5.99	5.14	4.76	4.53	4.39	4.28	4.21	4.15	4.10	4.06	4.03	4.00	3.96	3.92	3.87	3.84	3.81	3.77	3.75	3.67
7	5.59	4.74	4.35	4.12	3.97	3.87	3.79	3.73	3.68	3.64	3.60	3.57	3.52	3.49	3.44	3.41	3.38	3.34	3.32	3.23
8	5.32	4.46	4.07	3.84	3.69	3.58	3.50	3.44	3.39	3.35	3.31	3.28	3.23	3.20	3.15	3.12	3.08	3.04	3.03	2.93
9	5.12	4.26	3.86	3.63	3.48	3.37	3.29	3.23	3.18	3.14	3.10	3.07	3.02	2.98	2.94	2.90	2.86	2.83	2.80	2.71
10	4.96	4.10	3.71	3.48	3.33	3.22	3.14	3.07	3.02	2.98	2.94	2.91	2.86	2.82	2.77	2.74	2.70	2.66	2.64	2.54
11	4.84	3.98	3.59	3.36	3.20	3.09	3.01	2.95	2.90	2.85	2.82	2.79	2.74	2.70	2.65	2.61	2.57	2.53	2.50	2.40
12	4.75	3.89	3.49	3.26	3.11	3.00	2.91	2.85	2.80	2.75	2.72	2.69	2.64	2.60	2.54	2.51	2.47	2.43	2.40	2.30
13	4.67	3.81	3.41	3.18	3.02	2.92	2.83	2.77	2.71	2.67	2.63	2.60	2.55	2.51	2.46	2.42	2.38	2.34	2.32	2.21
14	4.60	3.74	3.34	3.11	2.96	2.85	2.76	2.70	2.65	2.60	2.56	2.53	2.48	2.44	2.39	2.35	2.31	2.27	2.24	2.13
15	4.54	3.68	3.29	3.06	2.90	2.79	2.71	2.64	2.59	2.54	2.51	2.48	2.43	2.39	2.33	2.29	2.25	2.20	2.18	2.07
16	4.49	3.63	3.24	3.01	2.85	2.74	2.66	2.59	2.54	2.49	2.45	2.42	2.37	2.33	2.28	2.24	2.19	2.15	2.13	2.01
17	4.45	3.59	3.20	2.96	2.81	2.70	2.61	2.55	2.49	2.45	2.41	2.38	2.33	2.29	2.23	2.19	2.15	2.10	2.08	1.96
18	4.41	3.55	3.16	2.93	2.77	2.66	2.58	2.51	2.46	2.41	2.37	2.34	2.29	2.25	2.19	2.15	2.11	2.06	2.04	1.92
19	4.38	3.52	3.13	2.90	2.74	2.63	2.54	2.48	2.42	2.38	2.34	2.31	2.26	2.21	2.16	2.11	2.07	2.03	2.00	1.88

付表 4 エフ分布表 (2)

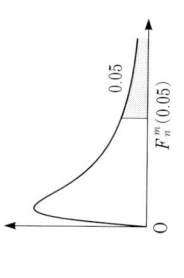

自由度 (m, n) のエフ分布の上側 5% 点 $F_n^m(0.05)$

m\n	1	2	3	4	5	6	7	8	9	10	11	12	14	16	20	24	30	40	50	∞
20	4.35	3.49	3.10	2.87	2.71	2.60	2.51	2.45	2.39	2.35	2.31	2.28	2.23	2.18	2.12	2.08	2.04	1.99	1.96	1.84
21	4.32	3.47	3.07	2.84	2.68	2.57	2.49	2.42	2.37	2.32	2.28	2.25	2.20	2.15	2.10	2.05	2.01	1.96	1.93	1.81
22	4.30	3.44	3.05	2.82	2.66	2.55	2.46	2.40	2.34	2.30	2.26	2.23	2.18	2.13	2.07	2.03	1.98	1.94	1.91	1.78
23	4.28	3.42	3.03	2.80	2.64	2.53	2.44	2.37	2.32	2.27	2.24	2.20	2.14	2.10	2.05	2.01	1.96	1.91	1.88	1.76
24	4.26	3.40	3.01	2.78	2.62	2.51	2.42	2.36	2.30	2.25	2.22	2.18	2.13	2.09	2.03	1.98	1.94	1.89	1.86	1.73
25	4.24	3.39	2.99	2.76	2.60	2.49	2.40	2.34	2.28	2.24	2.20	2.16	2.11	2.06	2.01	1.96	1.92	1.87	1.84	1.71
26	4.23	3.37	2.98	2.74	2.59	2.47	2.39	2.32	2.27	2.22	2.18	2.15	2.10	2.05	1.99	1.95	1.90	1.85	1.82	1.69
27	4.21	3.35	2.96	2.73	2.57	2.46	2.37	2.31	2.25	2.20	2.16	2.13	2.08	2.03	1.97	1.93	1.88	1.84	1.80	1.67
28	4.20	3.34	2.95	2.71	2.56	2.45	2.36	2.29	2.24	2.19	2.15	2.12	2.06	2.02	1.96	1.91	1.87	1.82	1.78	1.65
29	4.18	3.33	2.93	2.70	2.55	2.43	2.35	2.28	2.22	2.18	2.14	2.10	2.05	2.00	1.94	1.90	1.85	1.81	1.77	1.64
30	4.17	3.32	2.92	2.69	2.53	2.42	2.33	2.27	2.21	2.16	2.12	2.09	2.04	1.99	1.93	1.89	1.84	1.79	1.76	1.62
32	4.15	3.30	2.90	2.67	2.51	2.40	2.31	2.25	2.19	2.14	2.10	2.07	2.02	1.97	1.91	1.86	1.82	1.76	1.74	1.59
34	4.13	3.28	2.88	2.65	2.49	2.38	2.30	2.23	2.17	2.12	2.08	2.05	2.00	1.95	1.89	1.84	1.80	1.74	1.71	1.57
36	4.11	3.26	2.86	2.63	2.48	2.36	2.28	2.21	2.15	2.10	2.06	2.03	1.99	1.93	1.87	1.82	1.78	1.72	1.69	1.55
38	4.10	3.25	2.85	2.62	2.46	2.35	2.26	2.19	2.14	2.09	2.05	2.02	1.96	1.92	1.85	1.80	1.76	1.71	1.67	1.53
40	4.08	3.23	2.84	2.61	2.45	2.34	2.25	2.18	2.12	2.08	2.04	2.00	1.95	1.90	1.84	1.79	1.74	1.69	1.66	1.51
50	4.03	3.18	2.79	2.56	2.40	2.29	2.20	2.13	2.07	2.02	1.98	1.95	1.90	1.85	1.78	1.74	1.69	1.63	1.60	1.44
∞	3.84	3.00	2.60	2.37	2.21	2.10	2.01	1.94	1.88	1.83	1.79	1.75	1.69	1.64	1.57	1.52	1.46	1.39	1.35	1.00

索　引

ア　行

一様分布　39
一致推定量　92
一致性　92
上側 α 点　45, 84, 86, 87
上側確率　45, 84
エフ分布　87

カ　行

階級　15
　——数　15
　——値　15
カイ2乗適合度検定　151
カイ2乗分布　82
確率　4
　——重み関数　28
　——関数　28
　——測度　4
　——変数　27
仮説　115
　片側——　118
仮平均　18
観測度数　149
ガンマ関数　46
ガンマ分布　46

幾何分布　37
棄却　117
　——域　117
危険率関数　161
期待値　30
期待度数　149
帰無仮説　115
共分散　23, 54
　——公式　23, 55
空事象　1
区間推定　91, 101
経験分布関数　74
$k+1$ 項分布　64
検定　115
　——統計量　121
故障率関数　161

サ　行

最小値　14, 19
最大値　14, 19
採択　117
　——域　117
最頻値　19
最尤推定量　98
最尤法　98
最良線形不偏推定量　94

三項分布　57
散布図　22
事後確率　8
事象　1
指数分布　41
事前確率　8
従属　6
周辺分布関数　51
周辺密度関数　53
順序統計量　75
条件付き確率　5
条件付き分散　53
条件付き分布　53
条件付き平均　53
乗法定理　5
信頼区間　101
信頼度　101
推定値　91
推定量　91
数学的平均　30
正規分布　42
　k 次元——　66
　多変量——　66
正規母集団　81
積事象　1
積率母関数　48

索引

z-変換　24, 44
全確率の公式　8
相関係数　24, 55
相関表　22
相対度数　15
層別　7
粗データ　15

タ　行

第一種の誤り　118
第二種の誤り　118
大数の法則　78
対数尤度関数　98
対立仮説　115
互いに素　1
多項分布　64
たたみ込み　61, 62
超幾何分布　39
チェビシェフの不等式　77
中央値　19
中心極限定理　79
直和分割　7
ティー分布　85
t-変換　86
適合度検定　148
統計量　72
同時確率関数　52
同時分布関数　51
同時密度関数　53
等分散の検定　136

等平均の検定　130
独立　6, 51
——性の検定　158
度数　15
——データ　15
——分布表　15

ナ　行

二項分布　33
2次元正規分布　59
2標本問題　88

ハ　行

範囲　19
ヒストグラム　17
標準化　24
標準正規分布　42
標準偏差　20, 31
標本　71
——空間　1
——抽出　71
——調査　71
——の大きさ　71
——比率　110
——分散　20, 73
——平均　17, 73
不偏推定量　92
不偏性　92
不偏分散　73
分割表　156
分散　19, 30

——公式　20, 31
分布関数　29
平均　17, 30
——値　17, 30
ベイズの定理　8
ベルヌーイ試行　35
ベルヌーイ分布　35
偏差　19, 30
ポアソン分布　35
母集団　71
母数　91
母平均　30, 73
母分散　73

マ　行

密度関数　29
無記憶性　163
無作為標本　71
無相関の検定　168
モーメント　21, 49
——法　96

ヤ　行

有意水準　116
有効推定量　93
有効性　92
尤度関数　98
尤度方程式　98
余事象　1

ラ 行

乱数サイ　10

離散一様分布　47

離散確率変数　27

両側 α 点　86

両側仮説　118

累積相対度数　15

累積度数　15

連続確率変数　27

ワ 行

和事象　1

ギリシア文字

大文字	小文字	読み方	大文字	小文字	読み方
A	α	アルファ	N	ν	ニュー
B	β	ベータ	Ξ	ξ	クシー（グザイ）
Γ	γ	ガンマ	O	o	オミクロン
Δ	δ	デルタ	Π	π	パイ
E	ε	イプシロン	P	ρ	ロー
Z	ζ	ジータ（ツェータ）	Σ	σ, s	シグマ
H	η	イータ	T	τ	タウ
Θ	θ, ϑ	シータ	Υ	υ	ウプシロン
I	ι	イオタ	Φ	φ, ϕ	ファイ
K	κ	カッパ	X	χ	カイ
Λ	λ	ラムダ	Ψ	ψ	プサイ（プシー）
M	μ	ミュー	Ω	ω	オメガ

著者略歴

栗栖　忠（くりす　ただし）
大阪大学理学部数学科卒業
同大学大学院基礎工学研究科数理系専攻修士課程修了（工博）
現在　関西大学名誉教授

濱田　年男（はまだ　としお）
神戸商科大学商経学部管理科学科卒業
大阪大学大学院基礎工学研究科数理系専攻修士課程修了（工博）
元　兵庫県立大学経営学部教授

稲垣　宣生（いながき　のぶお）
大阪大学理学部数学科卒業
同大学大学院基礎工学研究科数理系専攻修士課程修了（工博）
現在　大阪大学名誉教授

統計学の基礎

2001年3月25日	第1版発行
2008年3月20日	第8版発行
2024年2月5日	第8版9刷発行

検印省略

定価はカバーに表示してあります.

増刷表示について
2009年4月より「増刷」表示を「版」から「刷」に変更いたしました. 詳しい表示基準は弊社ホームページ
http://www.shokabo.co.jp/
をご覧ください.

著作者　　栗栖　　忠
　　　　　濱田　年男
　　　　　稲垣　宣生

発行者　　吉野　和浩

発行所　　東京都千代田区四番町8-1
　　　　　電話　　03-3262-9166
　　　　　株式会社　裳華房

印刷所　　横山印刷株式会社

製本所　　牧製本印刷株式会社

一般社団法人
自然科学書協会会員

JCOPY〈出版者著作権管理機構 委託出版物〉
本書の無断複製は著作権法上での例外を除き禁じられています. 複製される場合は, そのつど事前に, 出版者著作権管理機構（電話03-5244-5088, FAX03-5244-5089, e-mail: info@jcopy.or.jp）の許諾を得てください.

ISBN978-4-7853-1525-2

© 栗栖　忠, 濱田　年男, 稲垣　宣生, 2001　　Printed in Japan

「理工系の数理」シリーズ

線形代数	永井敏隆・永井　敦 共著	定価 2420円
微分積分＋微分方程式	川野・薩摩・四ツ谷 共著	定価 2970円
複素解析	谷口健二・時弘哲治 共著	定価 2420円
フーリエ解析＋偏微分方程式	藤原毅夫・栄 伸一郎 共著	定価 2750円
数値計算	柳田・中木・三村 共著	定価 2970円
確率・統計	岩佐・薩摩・林 共著	定価 2750円
ベクトル解析	山本有作・石原　卓 共著	定価 2420円

コア講義 線形代数	礒島・桂・間下・安田 著	定価 2420円
手を動かしてまなぶ 線形代数	藤岡　敦 著	定価 2750円
線形代数学入門 －平面上の1次変換と空間図形から－	桑村雅隆 著	定価 2640円
テキストブック 線形代数	佐藤隆夫 著	定価 2640円

コア講義 微分積分	礒島・桂・間下・安田 著	定価 2530円
微分積分入門	桑村雅隆 著	定価 2640円
微分積分読本 －1変数－	小林昭七 著	定価 2530円
続 微分積分読本 －多変数－	小林昭七 著	定価 2530円

微分方程式	長瀬道弘 著	定価 2530円
基礎解析学コース 微分方程式	矢野健太郎・石原　繁 共著	定価 1540円

新統計入門	小寺平治 著	定価 2090円
データ科学の数理 統計学講義	稲垣・吉田・山根・地道 共著	定価 2310円
数学シリーズ 数理統計学（改訂版）	稲垣宣生 著	定価 3960円

手を動かしてまなぶ 曲線と曲面	藤岡　敦 著	定価 3520円
曲線と曲面（改訂版）－微分幾何的アプローチ－	梅原雅顕・山田光太郎 共著	定価 3190円
曲線と曲面の微分幾何（改訂版）	小林昭七 著	定価 2860円

裳華房ホームページ　https://www.shokabo.co.jp/　　※価格はすべて税込（10％）

統計記号

● 標本代表値

$\bar{x} = \dfrac{1}{n}(x_1 + x_2 + \cdots + x_n) = \dfrac{1}{n}\sum\limits_{i=1}^{n} x_i$ 　　　　平均（粗データ）

$\bar{x} = \dfrac{1}{n}\sum\limits_{i=1}^{k} c_i\, n_i = \sum\limits_{i=1}^{k} c_i f_i$ 　　　　平均（度数データ）

$s^2 = \dfrac{1}{n}\sum\limits_{i=1}^{n} (x_i - \bar{x})^2 = \dfrac{1}{n}\sum\limits_{i=1}^{n} x_i{}^2 - \bar{x}^2$ 　　　　分散（粗データ）

$s^2 = \dfrac{1}{n}\sum\limits_{i=1}^{k} (c_i - \bar{x})^2 n_i = \dfrac{1}{n}\sum\limits_{i=1}^{k} c_i{}^2 n_i - \bar{x}^2$ 　　　　分散（度数データ）

$s = \sqrt{s^2}$ 　　　　標準偏差

$s_{xy} = \dfrac{1}{n}\sum\limits_{i=1}^{n}(x_i - \bar{x})(y_i - \bar{y}) = \dfrac{1}{n}\sum\limits_{i=1}^{n} x_i y_i - \bar{x}\,\bar{y}$ 　　　　共分散（粗データ）

$s_{xy} = \dfrac{1}{n}\sum\limits_{i=1}^{k}\sum\limits_{j=1}^{l}(c_i - \bar{x})(d_j - \bar{y})\,n_{ij} = \dfrac{1}{n}\sum\limits_{i=1}^{k}\sum\limits_{j=1}^{l} c_i d_j n_{ij} - \bar{x}\,\bar{y}$ 　　　　共分散（度数データ）

$r = \dfrac{s_{xy}}{s_x s_y}$ 　　　　相関係数

$u^2 = \dfrac{1}{n-1}\sum\limits_{i=1}^{n}(x_i - \bar{x})^2$ 　　　　不偏分散

● 確率変数

$\mu = E(X) = \sum\limits_{i=1}^{n} x_i\, p(x_i)$ 　　　　平均（離散型）

$\mu = E(X) = \displaystyle\int_a^b x f(x)\, dx$ 　　　　平均（連続型）

$\sigma^2 = V(X) = \sum\limits_{i=1}^{n}(x_i - \mu)^2 p(x_i)$ 　　　　分散（離散型）

$\sigma^2 = V(X) = \displaystyle\int_a^b (x - \mu)^2 f(x)\, dx$ 　　　　分散（連続型）

$\sigma_{xy} = Cov(X, Y) = \sum\limits_{i=1}^{r}\sum\limits_{j=1}^{c}(x_i - \mu_x)(y_j - \mu_y)\, p(x_i, y_j)$ 　　　　共分散（離散型）

$\sigma_{xy} = Cov(X, Y) = \displaystyle\int_c^d \left\{ \int_a^b (x - \mu_x)(y - \mu_y) f(x, y)\, dx \right\} dy$ 　　　　共分散（連続型）

$\rho = \dfrac{\sigma_{xy}}{\sigma_x \sigma_y}$ 　　　　相関係数